江苏省自然科学基金资助项目(BK20171197)资助
江苏省"六大人才高峰"高层次人才资助项目(GDZB-084)资助
江苏省电气工程及其自动化品牌专业建设一期工程项目资助
江苏省文化创意协同创新中心项目(XYN1704)资助
江苏省"333人才工程"科研项目(BRA2016112)资助

飞秒激光三维光存储技术研究

蔡建文　著

U0242416

东南大学出版社
SOUTHEAST UNIVERSITY PRESS
·南京·

内 容 简 介

本书从科研和实际应用的角度出发，全面、系统地阐述了飞秒激光三维光存储技术的发展现状及相关研究工作。全书共分七章，系统地介绍了飞秒激光双光子三维光存储的原理、特点及国内外发展现状；飞秒激光三维光盘存储系统搭建及测试；折射率失配对双光子三维光存储的影响及补偿研究；飞秒激光三维光存储超分辨研究及飞秒激光三维光存储实验研究等。本书适合从事飞秒激光光存储、微加工、微纳光学器件、微机械等研究的工程技术人员使用，也可以供光学类、机械类、微电子类等专业高校教师和科研人员参考。

图书在版编目(CIP)数据

飞秒激光三维光存储技术研究 / 蔡建文著. — 南京：东南大学出版社，2018.8

ISBN 978-7-5641-7951-9

Ⅰ.①飞… Ⅱ.①蔡… Ⅲ.①飞秒激光—光存贮—研究

Ⅳ.①TN24

中国版本图书馆 CIP 数据核字(2018)第 194613 号

飞秒激光三维光存储技术研究

出版发行	东南大学出版社
出 版 人	江建中
社 址	南京市四牌楼 2 号
邮 编	210096
经 销	全国各地新华书店
印 刷	虎彩印艺股份有限公司
开 本	700 mm×1000 mm 1/16
印 张	7.75
字 数	180 千字
版 次	2018 年 8 月第 1 版
印 次	2018 年 8 月第 1 次印刷
书 号	ISBN 978-7-5641-7951-9
定 价	30.00 元

（本社图书若有印装质量问题，请直接与营销部联系。电话：025-83791830）

前　言

随着现代科技的飞速发展,信息的数字化越来越盛行,在科学、工业、信息、军事、医学等领域,需要存储的数字化信息以惊人的速度增长。如此大的信息量需要大容量的存储设备来支撑。飞秒激光三维光存储作为高密度和超高密度存储技术之一,在国内外已受到普遍重视,并已成信息存储技术一个研究热点。飞秒激光三维光存储中,如何研制获得稳定、低存储阈值和短曝光时间的存储材料,如何提高开关速度,如何完善多层存储光盘旋转过程中聚焦循道伺服控制,如何补偿折射率失配引起的深层信号强度减弱等,均是当前急需解决的关键问题。本书基于飞秒激光双光子吸收的非线性特性和现有 CD/DVD 成熟的聚焦、循道伺服技术,自行搭建了一套双光头三维光盘存储实验系统,并进行了飞秒激光三维光存储技术和实验方面的研究。

全书共分 7 章,第 1 章绪论概述了光存储的发展现状并简要介绍了高密度和超高密度三维光存储包括飞秒激光双光子三维光存储的原理、特点及国内外发展现状;第 2 章基于飞秒激光三维光存储技术,搭建了一套与 CD/DVD 相兼容的实验存储系统,并采用常规 PID 算法、模糊 PID 算法和最少拍控制算法,对 DVD 光学头进行 Matlab 仿真;第 3 章采用直接测试法和间接测试法对三维光盘存储系统双光头同步性能进行了研究;第 4 章主要分析了折射率失配现象对三维光信息存储的影响,并采用泽尔尼克多项式对折射率失配引起的像差进行补偿研究;第 5 章采用菲涅尔衍射公式对激光焦斑整形进行了理论分析,基于遗传算法和设计约束条件从轴向、横向和三维超分辨通过 Matlab 设计了多种二元相位元件,可以有效地减小加工点的尺寸大小;第 6 章对双光子漂白材料和微爆材料进行多层信息存储及其读出性、存储密度的实验研究;第 7 章总结了本书的研究内容,并展望三维光存储技术未来的发展方向。

本书适合从事飞秒激光光存储、微加工、微纳光学器件、微机械等研究的工程技术人员使用，也可以供光学类、机械类、微电子类等专业高校教师和科研人员参考。

由于作者水平有限，书中难免有错缺之处，敬请同行、专家和读者批评指正，不胜感激！

蔡建文

常州工学院

2018 年 7 月

目　录

1 绪论

1.1 光信息存储概述

随着现代科技的飞速发展,信息的数字化越来越盛行,在科学、工业、信息、军事、医学等领域,需要存储的数字化信息都在以惊人的速度增长。如此大的信息量需要大容量的存储设备来支撑。20 世纪 80 年代到 90 年代,人们最关心的是信息处理,即如何提高计算机芯片的处理速率和效率,全球因此掀起了计算机主处理器(CPU)技术大战;90 年代后期通信网络兴起,大家可以共享数据和通信,有人讲"网络就是计算机";进入 21 世纪,人们要考虑如何有效地存储和管理越来越多的数据和如何应用这些数据,信息存储空间日益拥挤,信息数据的采集和数据管理体系的复杂性越来越高。随着网络的普及,Internet/Intranet/Extranet 逐步进入单位和个人生活,21 世纪信息技术的浪潮将在存储领域兴起。信息技术是 21 世纪的关键技术,信息产业是 21 世纪的支柱产业。在信息技术的几个环节(获取、传播、存储、显示和处理)中,信息存储是关键环节之一。

光信息存储技术是从 20 世纪 70 年代开拓出来的。在写入信息时,采用具有很高相干性、方向性和单色性的激光束通过透镜紧聚焦到光存储介质中,用调制激光束载入要存储的信息,使这个微光斑区域内的存储介质产生物理或化学变化,从而导致该微区域的某种光学性质(如荧光性、折射率、透射率等)与四周介质形成较大的反差;读取信息时采用另一束能量较低的激光检测光信号,然后经过解调以读出信息。

1.2 二维光盘存储发展现状

光盘存储技术发展到 20 世纪 80 年代,开创了 CD(Compact Disk)的应用新纪元。到 20 世纪 90 年代,与只读式光盘读出驱动器相兼容的一次写入型和可擦重写型系列光盘相继出现在多媒体领域,我们可以把 CD 系列光存储设备称作第一代光盘技术,其主要特点是应用 GaAlAs 半导体激光器为读取和记录光源,其激光束波长在 780~830 nm 之间。而随之出现的 DVD(Digital Versatile Disk)光盘及其读取/存储器则被称为第二代光盘技术,其主要特点是以 GaAlInP 半导体激光器为光源,激光波长在 630~650 nm。由于对数据容量的需求越来越大,近年来以 HD-DVD(High Density Digital Versatile Disk)和 BD(Blue-Ray Disk)为代表的大容量 DVD 碟片在市场上出现,这些碟片可称之为第三代光盘技术,其主要特点为采用 ZnCdSe 半导体激光器(波长在 500~550 nm)或 GaN 半导体激光器(波长在 400~450 nm)进行读写,亦称为高密度 DVD 光盘系列。相对于 CD 和 DVD 光盘系列,HD-DVD 和 BD 具有更高的面存储密度和数据传输速率。上述三代光盘系列的数据点均是由一些信息坑组成的,光束经过信息坑边缘时反射光强发生变化时为"1",而在坑内和坑面上时均为"0"。表 1.1 为上述三代光盘技术各项参数对比。从表中我们可以看出,HD-DVD 和 BD 通过采用较短的激光波长、较高的数值孔径实现了更高的面密度。

表 1.1　CD、DVD、HD-DVD、BD 标准对比

参数	CD	DVD	HD-DVD	BD
激光波长(nm)	780	650	405	405
数值孔径	0.45	0.60	0.65	0.85
容量(GB)	0.65	4.7	15	25
数据记录点大小(μm)	1.74	1.08	0.62	0.48
道间距(μm)	1.6	0.74	0.46	0.32
最小凹坑长度(μm)	0.83	0.4	0.22	0.14
数据传输速率(Mbits/s)	1.44	10	13	36
光头工作距离(mm)	1.2	0.6	0.6	0.1

BD、HD-DVD、DVD 和 CD 碟片外观十分相似,直径为 120 mm,厚度为 1.2 mm,但本质上它们的区别很大。CD 只有一种物理结构,为单面单层,存储容量为 0.65 GB;DVD 可以分为单面单层、单面双层、双面单层和双面双层四种物理结构,单面单层的 DVD 容量为 4.7 GB,而双面双层的 DVD 容量可达 17 GB;HD-DVD 一般有单面和双面两种物理结构,存储容量分别为 15 GB 和 30 GB;BD 通常有单面单层和单面双层两种物理结构,存储容量可分别达到 25 GB 和 50 GB。由于第三代光盘技术还没有完全市场化,现在市场上的主流产品还是以第二代光盘技术为主。

BD 光盘使用蓝光把代码刻制到光盘上,而不是用红光,其数据存储量为一张单面密度盘的 5 倍,容量为 25 GB,而同样普通 DVD 盘则只能储存 4.7 GB 的数据。相比 DVD 光盘,蓝光光盘在技术上主要有两方面的提高:首先,在蓝光光盘上,数据记录轨道间的距离被减少到 0.32 μm,只有常规 DVD 的一半左右;其次,蓝光光盘具备更小的数据记录点,让蓝光光盘在相同的盘片面积上可以有更多的数据记录点与轨道。这种新型光盘可以录制 2 个多小时的高密度数字图像,13 个小时的常规电视图像,而目前的单面 DVD 盘只能录制 133 分钟的常规电视图像。

虽然二维光盘存储技术有了飞速发展,但是,二维光盘存储技术在传统的光学系统和二维存储模式下,光存储的密度已经接近由物镜的数值孔径和激光波长所确定的衍射极限,因此存储密度和存储容量的提高受到了很大限制。

1.3　三维光存储技术发展现状

由于二维光存储技术的局限性,需要从其他方面来提高光存储容量,如从传统分辨率发展到超分辨率[1-5]、从二阶编码到多阶编码[6,7]、从单波长到多波长[8]、从单光子效应到双光子效应、从二维存储到三维甚至多维存储,下面将对三维光存储技术以及双光子技术等的发展做详细的介绍。

1.3.1　光谱烧孔光存储技术

光谱烧孔是指光反应性分子以分子状态分散在低温固体基质中,在激光诱导下发生的具有位置选择性的光化学反应引起吸收光谱带上有选择性地产生光谱孔的一种现象。

原子能级间能量差所决定的吸收光谱为均匀增宽谱线,由于固体中原子(离子)所处环境的差异造成不同环境中的粒子均匀增宽谱线的中心频率不同。这些中心频率不同的均匀增宽谱线叠加在一起就形成了非均匀增宽吸收谱线。由于非均匀增宽谱线上某一频率处对应着一群特定的粒子,当用该

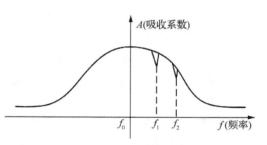

图 1.1　光谱烧孔原理图

频率附近的窄带激光照射时,可使这一群粒子共振吸收而发生光化学变化或光物理变化。整个吸收谱线在该频率附近出现一个凹陷,这就是所谓的烧孔(图 1.1)。若孔可长期保存,即持久烧孔,则可实现信息的记录[9]。

光谱烧孔技术是国际上近几十年发展起来的高密度光信息存储技术之一[10-11]。1974 年俄罗斯人 B. M. Anarlamov、Personov 等人[12]首先在有机分子材

料中发现了光化学反应引起的持久光谱烧孔现象。1985 年 IBM 科学家 W. E. Moerner 首次实现了光子选通光谱烧孔[13]，即写入信息时需烧孔光和选通光同时作用才能烧出孔。读出时不加选通光，则不会对孔有影响。这可避免多次读出后信息被破坏。目前的光谱烧孔存储技术主要是光子选通光谱烧孔存储技术，它利用分子对不同频率的光吸收率不同来识别不同分子从而实现分子水平信息存储的技术，是包括频率在内的三维信息存储技术，使传统的光盘二维信息存储发展成包含频率域在内的三维的信息存储，可以使存储密度提高 3～4 个数量级，达到超高密度存储。

国内在光谱烧孔研究方面也取得了一些重要成果[14-16]，1989 年长春物理所虞家琪课题组成功制备出 $BaFCl_{0.5}Br_{0.5}:Sm^{2+}$ 混晶材料，首先实现液氮温度下的光子选通光谱烧孔。随后，又进行了混晶体系 $M_yM'_{1-y}FCl_xBr_{1-x}:Sm^{2+}$（M，M'＝Mg，Ca，Sr，Ba）的光谱烧孔性质研究，1991 年在 $Ba_ySr'_{1-y}FCl_{0.5}Br_{0.5}:Sm^{2+}$ 中实现了室温下的光子选通永久性光谱烧孔。

但是目前光谱烧孔存储技术还处在实验室阶段，还无法满足实用化的要求，主要是受到光谱烧孔存储材料的限制。目前，光谱烧孔光存储的研究主要使用两类材料：Sm 离子掺杂的无机材料以及给体和受体电子转移反应的有机材料体系。光谱烧孔工作温度太低，一般为液氮温度甚至液氦温度。在同一波段内，在液氦温度下可以烧出 1 000 个孔，而在液氮温度下只能烧出不到 100 个孔，而且随着温度的提高，孔的宽度会逐渐增加，当温度达到室温时，孔会填平而消失。

1.3.2　体全息光存储技术

20 世纪 40 年代末，Dennis Gabor 发明了全息术，将其应用于 X 光图像的放大处理[17]。全息术是一种记录光信息的方法。全息图记录的是物体发射或散射出的光场的完整信息，包括光场的振幅和位相。为了记录位相信息，光场的位相变化必须采用适当的方式变成强度变化即"编码"，一旦全息图形成以后，需要解码还原出（或称重构或再现）原来的波场。在光学全息术中，"编码"是引入参考光波与待记录的物光相干涉，记录下干涉场的类似光栅结构；"解码"则通过此光栅结构对入射光的衍射，重构出原来的物光，两者都是采用光学的方法[18]。

1963 年，Van Heerden 提出了全息数据存储的概念[19]，基本原理图如图 1.2 所示。全息存储是基于全息理论的光学信息存储技术，全息技术的原理包括两个物理光学过程，即用干涉方法实现的波前记录和用衍射的方法实现的波前再现。波前记录即将激光照射于物体上，使其物光与参考光互相干涉，然后将干涉花样记录于全息记录介质上，使之成为复杂的包含了记录光所有光学信息的光栅（称全息光栅），该过程在全息存储过程中通常叫做数据的记录或写入；波前再现即用记录时所用的参考光或其他适宜光照射记录形成的全息光栅,光线通过全息光栅时的衍射光之间的干涉形成与物光相同或相似的光波,即实现了物光的波前重现,重构了物体的再现像,这个过程又叫数据的读出或取出[20]。

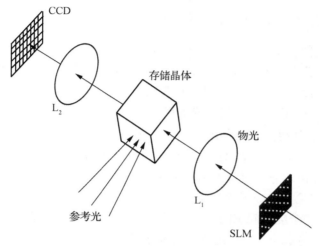

图 1.2　体全息存储原理图

　　由于体全息存储具有容量大、数据传输率高、数据寻址时间短、具有内容寻址功能、存储冗余度高等方面的特点,因此全息存储成为国内外研究的热点。国外,1991 年美国军方 Northrop 公司 P. H. Mok 已能够在 1 cm³ 掺铁的 $LiNbO_3$ 晶体中存储并高保真再现 500 幅高分辨率军用车辆全息图[21]。1994 年美国加州理工学院的 G. W. Burr 等人演示了在 1 cm³ Fe：$LiNbO_3$ 晶体中 10 000 幅图像全息图的存储与恢复[22]。同年,斯坦福大学 Hesselink 博士领导的研究小组首次实验证实了完整的体全息数字存储系统的可行性[23]。1997 年,Caltech 的 Psaltis 教授领导的研究小组为晶体存储系统专门设计了一种集光电调制器、探测器及数据缓存器于一体的硅集成电路,利用该电路,他们已实现了一种小型紧凑化、具有动态刷新功能的原形体全息存储系统[24]。国内,1998 年,清华大学和哈尔滨工业大学在铌酸锂晶体中实现了 1 000 幅的存储和恢复[25];2002 年,清华大学金国藩小组又实现了 1 500 幅高分辨率全息图的记录和复现[26];2004 年,北京工业大学[27]在掺铁 $LiNbO_3$ 晶体中实现了 1 020 幅汉字图像的存储与恢复。

　　虽然体全息存储有着上述优点,但是其还存在很多问题需要解决。首先,全息图的正确读取依赖于读出的干涉图像与写入信息是否相同,如果在这过程中干涉图像改变,重现的图像将与输入数据不同;其次,需要记录材料有足够的动态范围,这样才能保证每幅全息图有足够的读出信号强度;再次,从材料改性及全息记录方法两方面设法进一步提高存储系统的响应速度,尤其对记录速度的提高;接着,需要开发更好的全息记录材料,要求具有大的动态范围、大的光折变灵敏度、高光学质量及低的暗电导率;最后,需要设计抗噪能力更强、编码效率更高的调制编码方法及信号处理技术[28]。

1.3.3 双光子吸收三维光存储技术

1989 年,美国 California 大学 Irvine 分校 Rentzepis 首先提出了双光子三维光存储模型,搭建了三维光存储系统,使双光子吸收三维光存储变为现实,从根本上超越了二维存储的一些限制[29]。目前,双光子三维光存储作为高密度和超高密度存储技术之一,在国内外已受到普遍重视,并已成为信息存储技术一个研究热点。

1) 双光子存储基本理论

1931 年 Maria Göppert-Mayer 最早从理论上预言了双光子吸收的存在,并用二阶微扰理论导出双光子过程的跃迁概率[30]。20 世纪 60 年代初激光器出现后,Kaiser 等人从实验上验证了双光子吸收过程[31]。双光子吸收就是在强激光场作用下,分子通过一个虚中间态同时吸收两个光子而达到激发态的过程,其跃迁概率与入射光强的平方成正比。与通常的单光子吸收相比,它主要具有两个突出特点:(1) 由于到达激发态所需的光子能量为单光子吸收所需能量的一半,因此可用红外或近红外激光做光源,提高在吸收材料中的穿透力,实现在材料深层进行观察;(2) 由于双光子吸收与入射光强的平方成正比,双光子吸收过程被紧紧地局限在焦点附近的很小区域(体积数量级为 λ^3),如此小的有效作用体积不仅使双光子过程具有极其优越的空间分辨率和空间选择性,而且随后发生的诸如荧光或光化学反应过程都被局限在这个极小的体积范围中。

双光子吸收与单光子吸收过程示意图如图1.3所示。物质发生单光子吸收时,吸收一个波长为 λ_1 的光子就可以从基态 S_0 到 S_1 态的高能振动能级,分子在这个高振动能级上寿命极短,迅速弛豫到第一单重激发态 S_1 的最低能级,而发生双光子吸收时物质同时吸收两个波长相同或波长不同的 λ_2 和 λ_3 光子到达激发态 S_1、S_2、S_n,由于分子的 S_n 态和 S_1 态能量差很小,分子在 S_n 激发态上寿命很短,迅速通过无辐射过程弛豫到第一单重激发态 S_1 的最低振动能级。处于 S_1 态的分子通过无辐射内转换或化学反应失活,也可以通过荧光辐射形式发出较入射光波长长(单光子吸收)或较出射光波长短(双光子吸收)的荧光。

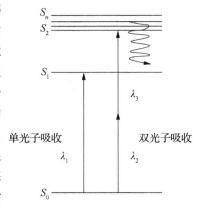

图 1.3 单光子与双光子吸收示意图

一般单光子的吸收截面为 $10^{-17} \sim 10^{-18} \text{cm}^2$，而双光子的吸收截面一般为 $10^{-50} \sim 10^{-46} (\text{cm}^4 \cdot \text{s})/\text{photon}$，因此单光子吸收对光密度要求小，即使弱光也可发生，而双光子吸收只有在光强足够大的地方才可能发生。

2）双光子三维光存储读/写方法

基于双光子吸收的三维光存储是实现高密度存储的一种有效方法，而选择采用哪种读/写方法成为有效实现三维存储的关键之一。

目前主要的双光子光存储写入方式主要有[32, 34]双光束双光子写入和单光束双光子写入。在双光束双光子存储系统中，两束激光既可以是等能量的光子，也可以是不等能量的光子，其中一束光用于选择工作面，另一束在已选择的面上实现信息写入。两束光需要通过不同的光路和控制系统，在两束光的交点处完成写入。基于这种写入模式，存储容量得到了提高，但是也有很大的局限性。首先速度受到很大的限制，难于与目前光盘式的存储方式相比。其次是存储体体积问题，由于这种存储方式，光需从两个方向同时照射，限制了存储体的体积。最后是写入设备的问题，由于需要在两维上定位，读写设备都安置于 XYZ 三维工作台上，这样设备体积庞大而且昂贵，难以实用。单光束双光子写入系统由于系统结构简单，在现在研究工作中普遍采用这种写入方式。

与写入方法相对应的信号读出系统一般有透射共焦和反射共焦两种情况，反射式共焦读出方式比透射共焦读出方式具有一定的优势，反射式具有简单的光学系统和高的轴向分辨率，能够减少存储层间的串扰和消除由存储介质和衬底的不均匀性带来的背景影响。此外，各种类型的显微镜，包括位相反衬显微镜、普通透射显微镜、差分干涉反衬显微镜和差分位相反衬扫描显微镜等，都可以用作三维光存储的读出系统[33-36]。

3）双光子三维光存储材料

目前用于研究双光子三维光信息存储的材料主要有光致变色材料、光致漂白材料、光致聚合材料、光致折变材料等。

（1）光致变色材料

到现在为止，已经有多种光致变色材料用于双光子三维或多层记录研究。光致变色材料具有两种同分异构体 A 和 B，两者具有不同的吸收谱，记录光和读出光对应不同的吸收系数。记录时，在记录光的作用下通过双光子吸收将同分异构体 A 转化成同分异构体 B，B 对读出光有吸收作用而对记录光没有吸收作用。用这两种同分异构体的状态分别代表数字"0"和"1"。光致变色材料最适合做可擦重写型光存储介质，主要有：Spirobenzopyran（螺吡喃）[29,37]、Fulgide（俘精酸酐）[38]、Diarylethene（二芳基乙烯）[39]、anthracene derivatives（蒽类衍生物）[40]、Rhodamine B（罗丹明 B）[32]、Azo（偶氮化合物）[34]等。但是，光致变色材料的最大缺点是对光和热的不稳定性,这需要通过材料结构和掺入的基质材料的变化来改进。

1997 年,Rentzepis 等[41]在光致变色材料上记录 100 层获得成功。2001 年,清华大学齐国生课题组[38]在俘精酸酐材料记录中可实现 30 层,点间距和层间距分别可以达到 1 μm 和 3 μm;2002 年课题组[40]又对蒽类衍生物体系光致变色材料进行高密度多层记录和读出,实验结果表明,最小层间距有希望达到 3 μm 以下,最小横向光点尺寸可以达到 1 μm 以下。

(2) 光致漂白材料

掺杂荧光染料的聚合物,在双光子吸收的激发下辐射荧光。在低强度的光激发下,辐射的荧光强度与入射光强度的平方成正比。在高强度的光激发下,激发点的染料会被漂白,在相同波长的光激发下,漂白点不再辐射荧光。因此,漂白点与未漂白点可以用来记录数据。

1999 年,Gu Min 等人[42]在光致漂白材料中实现 6 层存储记录,点间距和层间距分别为 4.3 μm 和 20 μm,存储密度达到 3 Gbits/cm³;2002 年,课题组[43]报道了在光致漂白聚合物中使用连续激光光束实现双光子激发进行记录和读出,其记录介质为掺杂有荧光染料 AF - 50(0.3wt%)的 PMMA 聚合物。1999 年,美国纽约州立大学 buffalo 分校 Paras N. Prasad 小组[44]在光致变色材料 AF - 240 中进行了多层存储实验研究,对单光子和双光子读出进行了详细的分析,在双光子方式下更容易获得没有层间串扰的存储结果,可以获得更小的层间距,在双光子读出方式下,存储密度可以达到 10^{12} bits/cm³。2003 年,美国 Kevin D. Belfield 等人在芴类衍生物中成功实现了双光子漂白实验研究[45]。2003 年,希腊 I. Polyzos 等人在 pyrylium chromophores 漂白材料中实现了三维存储,最小点间距和层间距分别可以达到 1 μm 和 4 μm[78]。

(3) 光致聚合材料

双光子吸收分子掺入到交联光聚物体系中,在双光子吸收激发下发生光致聚合作用。聚合部分与未聚合部分产生物理性质上的差异(如折射率或荧光强度),这一差异可用来记录数据。这类体系一般包含有:双光子吸收引发剂、聚合单体、稳定剂、助聚合单体和黏结剂,在双光子吸收作用下,引发剂吸收光给出电子产生活性而使得聚合单体发生聚合。

通过利用双光子引发聚合作用,可以在一个厚的(>100 μm)存储介质上实现高密度三维存储。与单光子过程相比,可以实现多层写入而获得更高的信息密度,这是因为:(1) 激发光可以深深地穿透到材料内部,并只在焦点区域发生吸收;(2) 用长波长的激发光可以降低瑞利散射。利用这个方案,已经证实存储密度可以达到 10^{12} bits/cm³。但是,由于目前所用引发剂的双光子吸收比较弱,这种方法离实用化还有一段距离。

1991 年，Watt. W. Webb 等人[33]在光致聚合材料中进行三维光存储实验，获得 25 层记录数据，点间距 1 μm，层间距 3 μm，存储密度可以达到 1.3×10^{12} bits/cm^3。1999 年，Cumpston 等人[46]的最新研究表明，具有 D-π-D、D-π-A-π-D 和 A-π-D-π-A（这里 π 指 π 共轭键，D 是给体，A 是受体）结构的分子具有大的双光子吸收截面 δ（高达 1 250 ×10^{-50} cm^4 · s/photon）。2001 年，日本 Kawata 小组[47, 48]利用光致聚合原理加工出一些功能器件弹簧以及微型小牛等，在当时微加工领域引起了不小的震动。

（4）光致折变材料

光折变晶体（如：LiNbO$_3$）首先用于可擦写三维数字光存储，但是这类材料昂贵而且制备困难，所以人们改用光折变聚合物材料作为记录介质实现双光子三维存储[49-52]。最新研究表明[53]，将光折变聚合物掺入到液晶中能够有效提高折射率的空间调制，这是因为在内部空间电荷场的诱导下液晶偶极子发生重排所致。他们系统研究了在此体系中这种极化现象与荧光性质的关系：在写入光的照射下，焦点附近的液晶偶极子沿照射光的极化方向发生重排，由此而引起的荧光则随读出光束的极化状态发生变化。他们以聚丙烯酸甲酯（PMMA）、液晶材料 4-戊基-4-氰基双苯（E49）、光敏材料 TNF 和增塑剂乙基咔唑（ECZ）组成的聚合物为记录介质，在 900 nm 的脉冲激光的照射下，得到三维存储密度 204.8 G bits/cm^3。日本大阪大学 Kawata 课题组[51, 54]在 LiNbO$_3$晶体中实现 7 层存储，点间距为 5 μm，层间距为 20 μm。

1.4 飞秒激光微爆三维光存储技术

飞秒激光微爆三维光存储是以飞秒激光为写入光源，利用材料的多光子吸收特性进行三维光存储的一种技术。将高功率飞秒脉冲紧聚焦到物质体中，通过单光子或多光子电离激励过程能迅速在局部产生一个高温、高密度的等离子体结构，从而吸收大部分后续激光能量，在透明介质体内聚焦点附近将物质消融，直接通过汽化改变物质的局部结构形成一个微小的空腔。超短激光脉冲几乎不会产生热作用区域和热损伤，能更精密地改变介质的局部物理化学结构，三维光数据体存储就是利用飞秒脉冲激光对光学介质的非线性作用，从而引起透明介质体内某空间位置上结构的改变，导致介质折射率发生较大的变化，用这种办法在介质中记录多层逐位式二进制数据[55]。

用于飞秒脉冲光存储的材料很多，包括有机或无机透明介质（如玻璃、熔融石英、钛宝石等），这些存储材料的温度、机械、化学、光学、电学等性质非常稳定，可以在介质中产生十分稳定的记录，不受环境影响，可实现永久性存储。1996 年，美国哈佛大学的 Glezer 等用放大级飞秒脉冲激光、数值孔径 0.65 物镜和 0.5 μJ 脉冲能量在熔融硅中进行微爆存储，用物镜的数值孔径为 0.95 的透射式显微镜并行读出，实现了点间距和层间距分别为 2 μm 和 15 μm 的 10 层信息存储[56]。1998年，邱建容等人[57]用 200 kHz、120 fs、800 nm 的放大级激光在玻璃 SiO_2 和 $Ge-SiO_2$ 中进行了微爆存储实验，进行了多层可存储性研究。2002 年，澳大利亚的 Gu Min 等用飞秒脉冲激光（82 MHz、80 fs、800 nm）在掺杂的 PMMA 中实现了两层微爆信息存储，点间距和层间距分别为 6.5 μm 和 15 μm[58,59]。新加坡数据存储研究所洪明辉课题组利用放大级飞秒激光在石英、Au/RB-PMMA 薄膜中实现了多层微爆存储实验[60,61]。西安光机所的陈国夫课题组用放大级飞秒脉冲激光在熔融石英、PMMA 等材料中实现了多层微爆存储，并研究了微爆存储特性和工艺[62-67]。

　　虽然微爆材料存在着上述优点，但是这些微爆材料一般都具有较高的存储阈值，所有的飞秒激光器均需要放大级激光器，频率较低，设备昂贵，会造成写入速度低、成本高，不利于推广和应用，因此寻求低阈值材料和小型高频飞秒激光器对于微爆三维光存储实用化有着重大的意义。

1.5　　三维光存储技术实用化发展现状

1.5.1　　多层荧光光盘存储

　　美国 Constellation 3D 公司开发出的可擦写多层荧光光盘 FMD（Fluorescent Multilayer Disc）技术可使 CD 大小的盘片存储 100 GB 的数据，而且其第二代 FMD 技术将使盘片存储容量升至 1 TB。FMD 技术原理是在碟片凹槽中置入一种荧光性的聚合物，当激光照射到此物质时，它会发热并释放出一种波长大于激发光并与入射光不相干的光线，通过光学滤波可以排除入射光的干扰而读出高信噪比的荧光信号，这样就可以不必经过光反射的动作，并且存储介质可直接堆叠多层于碟片上[68]。

　　Constellation 3D 公司开发了两种可写材料：热漂白材料和光化学材料。前者初始状态有荧光，写入光作用部位不再产生荧光；后者初始状态没有荧光，写入光诱发光化学反应，产生荧光。

　　目前该公司已经成功地制造出具有高达 10 层的碟片，可容纳 140 GB 的数据，FMD 读取装置原理如图 1.4 所示。从图中可以看出，大部分的组件与 CD/DVD 系统相同，针对荧光读取方式，添加了滤色片来分离荧光信号和激光信号、一个光学器件来校正不同层的光程差。光电传感器和电路方面也作了相应的改变。

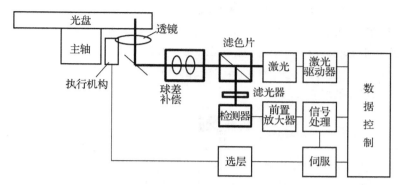

图 1.4 多层荧光光盘读取装置原理图

FMD 方式的盘片成本高,制作过程复杂,FMD 的盘片价格为 40 美元左右。同时多层盘基结构限制了盘片层数的增加,根据盘片的结构和制作过程可以看出,要想实现多层盘基荧光存储,需要有不同的盘片结构,对于产品市场化来说有很大的难度。

1.5.2 Call/Recall 公司三维光存储研究

Call/Recall 公司多年来一直从事双光子多层荧光光盘的研究和光致变色材料在三维信息存储中的应用方面的研究,研究的光致变色材料主要包括:Spiropyrans 类光致变色材料、Naphthacenequinones 类光致变色材料、Anthracenes 类光致变色材料和 Fulgides 类光致变色材料等[69-74]。

实验中使用的三维存储盘片结构与 FMD 盘片相比相对简单。图 1.5 为光致变色材料制成的盘片。左图中所示为在单基物溶液中掺杂特定浓度的光致变色材料,然后模铸成所需的立方体或盘片形状;右图中所示为使用压模成型的薄盘片结构。

图 1.5 三维光存储的盘片

图 1.6 所示为 WORM 系统原理图,盘片直径为 5.25 in(1 in＝2.54 cm),厚度 3 cm。数据的写入和读出采用不同的光头。图 1.6 左边为写入光路,光源为 532 nm 的 Nd:Vanadate 激光器,脉宽 6.5 ps,重复频率 76 MHz,平均功率 3 W,峰值功率 6 kW。也可以使用 460 nm 波长的 Ti:Sapphire 激光器,脉宽 200 fs,重复频率 76 MHz,平均功率 4 mW。

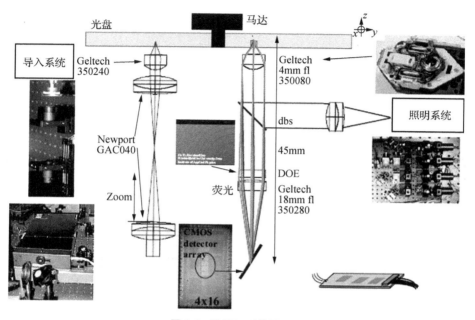

图 1.6　WORM 系统原理图

使用的透镜数值孔径为 0.5。在透镜前放置一个可调共轭球差补偿器。采用 532 nm 波长的记录系统,写入的速率为 1 Mbits/s,记录点尺寸为 1.2 μm× 1.2 μm×15 μm,此 5.25 in(1 in＝2.54 cm)盘片的存储容量可达 70 GB。图 1.6 中右边为读出光路,光路采用 635 nm 连续光半导体激光器,功率为 0.3 mW,读出方式为 Call/Recall 公司的专利技术:深度传输光学系统 depth transfer optical (DTO)systems。通过这种多道多层并行读取系统,可以实现 64 Mbits/s 的传输率。

在双光子三维荧光数据存储中,聚焦、循道伺服是个难点。在一个各向同性的整体光致变色材料光盘中,除了写入点的荧光强度,信息层与非信息层背景光强基本一致,同时也没有沟岸结构来进行数据层识别。这样就无法使用类似现有 CD/DVD 伺服系统的方式提取离焦信号。

Call/Recall 公司的课题组提出了一种推挽聚焦循道伺服方法,即利用信息点荧光强度来进行聚焦伺服和循道伺服[72]。这种聚焦方式的思路是采用两个聚焦光点分别聚焦于同一层相邻两个道上。两个光点在轴向错开一定距离,一个聚焦于信息点上部,一个聚焦于信息点下部,激发出的荧光信号分别聚焦于两个光电传感器上。当聚焦准确时,两个传感器上的荧光信号强度相等;当轴向偏焦时,两个传感器上的信号强度有差别,可以通过电路检测出离焦信号。对于循道误差信号,当寻道准确时,光电探测器的两个单元产生相同的信号电平;如果焦点偏离信息道,可以通过两个单元的信号相减提取循道误差信号。

这种聚焦循道方式实现了无需坑岸标记进行三维荧光双光子信息的存储。但是这种推挽聚焦循道伺服方式应用在写入时缺乏初始定位,同时前面写入点的位置偏差会累积到后面记录的数据点上。这种聚焦方式也不能保证精确聚焦在荧光信号最强处,影响信号提取效率。因此 Call/Recall 开发的存储系统离市场化还有很长的路需要探索。

1.5.3 新型波导多层光存储

南京师范大学梁忠诚课题组设计了一种新型的波导多层存储器,利用波导缺陷记录数据,通过缺陷的光散射效应读出数据,并利用波导对光的空间约束作用实现层选址[75,76],设备比较复杂,盘片制作方面也有很大的难度,因此在实用化方面存在劣势。

1.6　本书主要研究内容

目前普遍使用的 CD 系列(780 nm)和 DVD 系列(记录波长 635/650 nm)的存储密度分别为 38.75 Mbits/cm² 和 310.00 Mbits/cm²。在二维光存储在衍射效应的制约下,光存储点的尺寸大约只能降低到光波波长的一半,已接近瑞利分辨的极限,因此需要通过体存储技术来突破光存储、磁存储等平面存储的局限性,实现在三维空间中的存储,大大提高存储的容量。

双光子吸收是非线性吸收,双光子吸收概率与作用光强的平方成正比,使得只有位于光强度很高的焦点周围极小的区域内 λ^3(λ 为写入激光的波长)的存储介质受到激发,光束途经的其他部分几乎不受影响,因此能够将信息写到某一焦平面层而不会严重干扰光束途经邻近层,可以将存储密度提高几个数量级,从而可以实现双光子吸收的多层光存储。

国际上,目前在三维光面存储领域,存储材料、存储方法、工艺等方面获得了一定的积累。国内目前在这方面的研究刚刚起步不久,整体上与国外还有不小的差距。国内除了本实验室课题组在存储领域取得的一些成绩以外,在材料领域,清华大学化学系张复实教授的研究小组,感光化学所樊美公教授等取得了一定的成绩;在存储方法和工艺方面,西安光机所陈国夫教授领导的小组在双光子微爆存储方面也取得了可喜的成绩。

不过,飞秒激光双光子三维光存储要实现实用化还有许多难题需要解决:飞秒激光小型化;稳定、低存储阈值和短曝光时间的存储材料;开关速度的提高;多层存储光盘旋转过程中聚焦循道伺服控制;如何补偿由于折射率失配引起的深层信号强度减弱的问题等等。

本书基于飞秒激光双光子吸收的非线性特性和现有 CD/DVD 成熟的聚焦、循道伺服技术,自行搭建了一套双光头三维光盘存储实验系统,进行三维光盘存储技术方面研究。本书研究内容一共分为 7 章,主要内容如下:

第 1 章"绪论"概述了光存储的发展现状和简要介绍了高密度和超高密度三维光存储包括飞秒激光双光子三维光存储的原理、特点及国内外发展现状;并对国内外三维光存储技术实用化状况进行了介绍。简单介绍了本书的主要内容。

第 2 章"飞秒激光三维光盘存储系统搭建"基于飞秒激光三维光存储技术,搭建了一套与 CD/DVD 相兼容的实验存储系统,详细介绍了系统各个部件的机理以及测试控制方法;并采用常规 PID 算法、模糊 PID 算法和最少拍控制算法,对 DVD 光学头进行 Matlab 仿真。

第 3 章"飞秒激光三维光盘存储系统的测试"对该三维光盘存储系统进行了双光头同步性能测试,测试结果表明在一定条件下双光头同步误差基本符合双光头三维光存储系统正常运行需满足的要求。

第 4 章"折射率失配对双光子三维光存储的影响及补偿研究",由于三维光信息存储点在介质的内部,因此在读/写过程中激光需要经过两层不同折射率的介质(空气和存储介质),会对像差和存储效果产生很大的影响。首先建立光学存储系统模型,在平行平板条件下,利用波像差函数推导展开,获得五项初级(赛德耳)像差,即球差、慧差、像散、场曲、畸变,从理论和实验上分析系统各项光学参数对折射率失配引起的像差的影响;并采用泽尔尼克多项式对折射率失配引起的像差进行补偿理论研究,并对补偿方法进行了相应分析。

第 5 章"飞秒激光三维光存储超分辨研究",为了提高飞秒激光三维光存储容量,对激光焦斑进行整形,采用菲涅尔衍射公式进行了理论分析,基于遗传算法和设计约束条件从轴向、横向和三维超分辨通过 Matlab 设计了多种二元相位元件,可以有效地减小加工点的尺寸大小,对提高光存储容量具有良好的现实意义。

第 6 章"飞秒激光三维光存储实验研究",对国内外比较关注的双光子漂白材料和微爆材料进行材料性质(如吸收光谱和荧光光谱等)研究,并在三维实验系统上进行多层信息存储及其读出性、存储密度的实验研究。

第 7 章"总结与展望"总结了本文的研究内容,并展望三维光存储未来的发展方向。

2 飞秒激光三维光盘存储系统搭建

2.1 引言

随着信息技术的快速发展，需要的存储容量以指数级的速度增长。目前 CD/DVD 的容量由于受到衍射效应的制约，光存储点的尺寸大约只能降到光波长的一半，已接近瑞利分辨的极限，传统的二维存储技术已经到了发展的极限。因此需要通过体存储技术来突破光存储、磁存储等平面存储的局限性，实现在三维空间中的存储，大大提高存储的容量。1989 年，美国科学家 Rentzepis 提出了用双光子吸收的方法实现三维光存储[29]，存储密度可以达到 10^{12} bits/cm^3，这种方法可以保持现有光盘的基本结构，使存储空间从二维变为三维，大大提高存储容量，同时与单光子记录相比，双光子存储记录点较小，可提高面密度容量；并且可以利用双光子吸收有效地解决层与层之间的相互干扰问题，从而提高多层之间的抗干扰能力。对于与入射光强呈线性关系的单光子吸收激发，垂直光传输方向的每一层吸收相同量的能量，每层的净激发与该层离焦点的距离无关。因此，线性激发强烈干扰了需要存储信息的焦平面层的上下层。然而，对于依赖强度平方的双光子吸收激发，每层的净激发与该层离焦点距离的平方成反比。因此，能够将信息写到某一特殊的焦平面层而不会严重干扰超过瑞利范围的邻近层。在读出过程中采用共焦小孔，因此非焦面的荧光将被共焦小孔阻挡，只有焦平面上的荧光被收集。

在现有 CD/DVD 系统中，聚焦、循道伺服技术已经相当成熟。CD/DVD 系统中用主轴电机带动盘片转动必然会带来轴向和径向误差，在未采用伺服技术前，轴向误差幅值为 0.2～0.4 mm，径向误差幅值约为 0.2 mm，严重影响了盘片信息的读取；在使用相应的伺服技术后，CD 系统的聚焦误差和循道误差允许范围分别为 ± 1.0 μm 和 ± 0.1 μm，DVD 系统聚焦误差和循道误差允许范围分别为 ± 0.23 μm 和 ± 0.022 μm，可以解决上述不利影响。

2.2　CD/DVD 技术

2.2.1　CD/DVD 系统介绍

　　CD/DVD 系统主要包括机芯、伺服系统、系统控制电路、视音频解码器、编码器、音频电路、RF 变换器和电源电路等组成[78]。图 2.1 为 CD/DVD 系统光路图，工作原理为：输入数据经过编码后送入激光器；被信息调制的激光束经光学系统扩束、整形后，通过反射镜、聚焦透镜投射到光盘表面上，进行记录；读出时，光盘表面的反射光从原路返回到光电探测器上，经过信号处理和译码，再现所记录的数据。

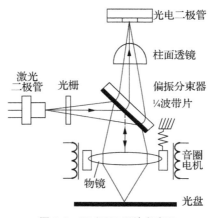

图 2.1　CD/DVD 系统光路图

2.2.2　CD/DVD 系统伺服技术

　　伺服系统是各种 CD/DVD 读写设备的关键部分。在碟片从生产到播放的各个环节中，不可避免地要引入各种误差。伺服系统在播放过程中，根据上述误差，及时调整精密光学部件"光学拾取器（Optical Pickup Unit）"的状态，正确读写 DVD 碟片所存储的信息。

　　由于会聚到光盘介质表面上的光斑大小在波长量级，因而检测、校正和读出光斑与信息轨道之间的定位误差和焦点偏离误差就非常重要，将这些误差信号经放大和处理后，控制聚焦执行机构和轨道执行机构，即可实现聚焦控制和循道跟踪控制，使激光光斑总是落在光盘介质表面上和信道中心。激光头安装在小车上，做径向移动，其执行机构为一线性直流马达，驱动小车使光学头读取径向数据，控制光盘偏心。光盘的旋转由一个主轴直流电机驱动，由转速传感器产生伺服信号，控制光盘的旋转速度[79]。

CD/DVD 的伺服系统包括光学、电子、机械等元件,从功能上主要可分为四个子系统:聚焦伺服、循迹伺服、进给伺服、主轴伺服;在元部件构成上,主要的执行机构有:聚焦线圈、循迹线圈、进给电机、主轴电机,主要的数据读出部件是光学拾取器。图 2.2 为 DVD 伺服机构示意图。下面为四个伺服子系统的详细介绍。

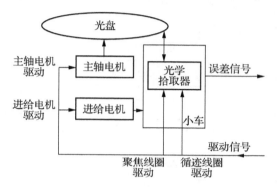

图 2.2　DVD 伺服机构示意图

1) 聚焦伺服

聚焦伺服使激光头与光盘上信息纹迹之间的距离保持恒定。聚焦伺服电路如图 2.3 所示[78]。从光盘上反射回来的激光经激光头中的光敏二极管转换成电信号,送到聚焦误差信号检出器处理成聚焦误差信号,经相位补偿后送到驱动器处理成驱动电流,经聚焦线圈转换成相应的磁场,推动物镜上下移动,直到焦点准确落在信息纹迹上,使检出的聚焦误差信号等于 0 为止。光盘在旋转过程中,由于光盘和主轴旋转机构的制造误差,信息纹迹不可能始终保持在标称旋转平面上,总会出现或多或少的上下跳动。当光盘出现上下跳动时,聚焦伺服电路便输出与跳动量成比例的聚焦驱动电流,使物镜做相应的上下移动,焦点始终落在信息纹迹上。聚焦误差信号的检测方法有像散法、傅科法等。

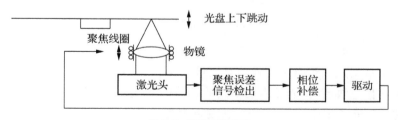

图 2.3　聚焦伺服电路

2) 循迹伺服

循迹伺服电路如图 2.4 所示[78],从光盘上反射回来的激光经激光头中的光敏二极管转换成电信号,送到循迹误差信号检出器处理成循迹误差信号,经相位补偿和驱动放大后产生驱动电流,经循迹线圈转换成相应的磁场,推动物镜左右移动,直到焦点准确地落在信息纹迹上,使检出的循迹误差信号等于 0 为止。循迹误差信号的检测方法有三光束法、推挽法等。

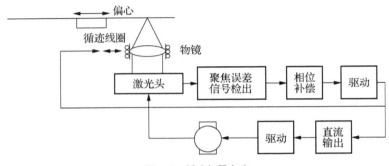

图 2.4 循迹伺服电路

3) 进给伺服

进给伺服电路如图 2.5 所示[78],主要由进给伺服控制器、驱动器和进给电机组成。在工作中,循迹伺服信号经直流检出器检出其直流成分,送到进给伺服控制器,产生的伺服电压由驱动器放大后送到进给电机,使其转动,调节激光头的位置,使循迹误差电压的直流分量为 0,光束便进入循迹伺服的控制范围,再由循迹伺服电路精确地调节物镜,使激光束准确地跟踪信息循迹。可见,先由进给伺服电路对激光头定位,再由循迹伺服电路进行精确调节,故在循迹过程中,把进给伺服看成是粗调,把循迹伺服看成是精调。

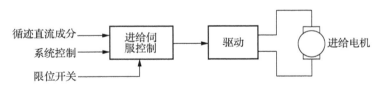

图 2.5 进给伺服电路

4) 主轴伺服

光盘上从引入区到引出区各信息纹迹的半径是不相同的,这就要求激光光束扫描不同的信息纹迹时,光盘应有不同的旋转速度,这样才能保证光盘和激光头之间的线速度恒定不变[78]。只有当线速度符合标准且恒定不变时,才能保证激光头扫描坑长的时间符合标准,拾取的信号才能正确地解调出来。该伺服的目的是要保持光盘和激光头之间做恒线速运动,故主轴伺服又叫恒线速度伺服。主轴伺服的主要过程为:首先由系统微处理器控制主轴电机是旋转还是停止;接着确认 PLL

电路进入锁定状态;再利用 PLL 输出信号进行速度控制,使光盘转速尽量接近标准值;最后利用帧同步信号进行相位伺服,使光盘与激光头之间的线速度为恒定的标准值,并使激光头扫描信息坑的时间为标准值。

2.3　飞秒激光三维光盘存储系统研制

为了实现三维光存储的实用化,获得更大的存储容量,基于上述所讲的成熟的 CD/DVD 聚焦循道伺服技术和第一章所讲的双光子吸收三维光存储技术,搭建了一套与 CD/DVD 相兼容的三维光盘存储实验系统,如图 2.6 所示。系统由荧光读写模块和伺服控制模块两个模块组成。其中,伺服模块由 CD/DVD 光头、主轴电机及 DSP 主控板伺服控制部分等组成。主轴电机采用直流电机,实现光盘的等线速度控制(CLV)。位于盘片下方的伺服模块借鉴现有光盘存储系统的聚焦和循道伺服技术,跟踪盘片误差。同时,为了不影响伺服模块音圈电机的正常运行,写入伺服模块将伺服光头的聚焦和循道激励信号被引出后将经过信号隔离及放大处理,提供给盘片上方的读/写模块,保证双光子读/写过程中,读/写光头能跟踪盘片转动误差,焦点始终保持在选定层上。

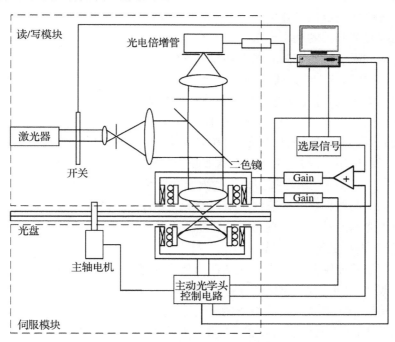

图 2.6　飞秒激光三维光存储读写系统

　　读/写模块采用双光子写入,双光子或单光子共焦方式读出。图 2.6 中,二极管固体激光器输出 532 nm 的连续光作为 Ti：Sapphire(掺钛蓝宝石)激光器的泵浦源,Ti：Sapphire 激光器作为双光子写入和读出光源,其中心波长为 800 nm,脉宽为 80 fs,重复频率为 80 MHz。光闸由声光调制器和驱动电源两部分组成,主控电路从主机获取数据,经编码后输出脉冲驱动信号,控制声光调制器打开或关闭写入光路。双光子信息写入时,光源采用 800 nm 脉冲光,经声光调制器、能量衰减器、扩束管、二色片和 DVD 光头聚焦于选定信道,来写入需存储的二进制数据,通过能量衰减器来控制写入光的能量大小。信息读出时,对于双光子光致漂白材料,采用 800 nm 的脉冲光,经二色片和 DVD 光头聚焦于选定信道,激发出的荧光信号依次经过 DVD 光头、二色片、滤色片、透镜和共焦小孔成像于光电倍增管(PMT),这部分光路采用共焦成像技术,具有简单的光学系统和高的轴向分辨率,能够减少存储层间的串扰和消除由存储介质和衬底的不均匀性带来的背景影响,PMT 采集到数据信号由 PCI-7484 数据采集卡 AD 采集。

2.3.1　声光调制器测控研究

　　光路开关在光存储系统中承担控制写入光束通断的功能,它与三维平台或光盘旋转系统协作完成信息点的写入。因此,响应速度快和长时间工作的稳定性是光存储系统光路开关的基本要求。

　　在通常的光学仪器和激光加工存储系统中,应用最广泛的光路开关有：液晶光闸、电磁式光闸和声光调制式光闸。目前,最常见的液晶光闸是利用液晶在电场中的扭转向列效应,通过控制电压改变液晶分子的排列方向,以至改变通过液晶盒光束的偏振方向。因此,可以利用预置的检偏振片来通断具有不同偏振特性的光束。由于液晶光闸响应速度快、控制方便,在成像仪器以至最近的紫外光成型技术中已得到了很好的应用。但是,由于通常的液晶光闸对波长大于 800 nm 的红外光截止能力很差[80],不适合应用在我们的飞秒激光存储系统中。电磁式光闸即应用电磁效应使机构的某些部件产生直线或旋转运动,带动反射镜或其他不透明物体完成插入和退出光路的动作来实现光束的斩断。不过电磁式光闸响应时间一般只能达到毫秒量级,很难满足光盘存储要求。

　　声光调制式光闸是利用声波在透明介质中传播时引起弹光效应,使介质的折射率发生改变,光束在通过介质时将发生偏转。TSGMN-3/Q 型声光调制器(中国电子科技集团公司第二十六研究所制造),采用脉冲方波(高低电平分别为"1,0")作为调制方式,由声光调制器和驱动电源两部分组成。驱动电源产生 100 MHz 频率的射频功率信号加入声光调制器,压电换能器将射频功率信号转变为超声信号传入声光介质,在声光介质内形成折射率光栅,当激光束以布拉格角度通过时,由于声光相互作用效应,激光束发生衍射,如图 2.7 所示。频率可以通过驱动电源上的输入端进行控制。

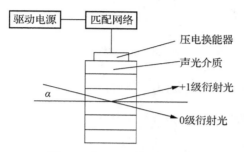

图 2.7 声光调制器原理示意图

声光调制器由声光介质(氧化碲晶体)和压电换能器(铌酸锂晶体)、阻抗匹配网络组成。声光介质两通光面镀有 800 nm 波长的光学增透膜。整个器件用铝制外壳安装。

驱动电源由振荡器、转换电路、调制门电路、电压放大电路组成。外输入调制信号由"输入"端输入,工作电压 24 V,衍射效率大小由"控制"电位器调节,"输出"端输出驱动功率,用高频电缆线与声光器件相连。

TSGMN-3Q 型声光调制器主要技术指标:工作波长 800 nm,工作频率 100 MHz±0.1 MHz,衍射效率≥70%,有效光孔径 2.0 mm,脉冲重复频率≥ 1 MHz,光学透过率≥93%。

在三维光信息存储写入过程中,声光调制器通过主控电路从主机获取数据(脉冲方波信号),通过单片机 89C52 和芯片 8253 经过编码后输出脉冲信号(即控制开关频率)来驱动声光调制器正常工作,控制打开或者关闭写入光路。

2.3.2 盘片结构

本存储系统所用光盘结构如图 2.8 所示。光盘结构分为上下两层:下层为聚焦循道层,是普通的 DVD 光盘盘片结构,在信息坑岸结构表面镀上反射层,以便于借助现有光盘存储系统的聚焦方式进行跟踪;上层为双光子吸收材料存储层,由光致漂白材料掺杂的 PMMA 组成,考虑到双光子存储的信息点尺寸、DVD 数据记录点大小、DVD 道间距和 DVD 最小凹坑长度等,存储层道间距为 4 μm,点间距为 4 μm,层间距为 15 μm。存储层的厚度越厚,存储的信息越多,但是像差也越严重。使用这种盘片结构,可以与现有的 CD/DVD 系统兼容。如果通过参数的选择,添加像差校正系统,使得厚盘片的像差得到很好的校正,那么可以增加存储层的厚度,提高盘片的存储密度。

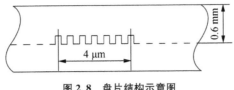

图 2.8 盘片结构示意图

2.3.3 CD/DVD 光头音圈电机特性测试

在进行多层读/写过程中,需要对 CD/DVD 光头进行选层信号控制,为了得到音圈电机特性,用双频激光干涉仪对三洋光头(SF-HD60S)的音圈电机进行了实测,测试原理图如图 2.9 所示。

具体测试原理为:利用 DSP 控制电路,通过改变光头两端的电压实现光头的移动,光头移动的距离跟控制电压有着特定的关系。利用计算机来控制标准测量块的移动,使得光头与标准测量块之间的距离保持不变,位移的大小从双频激光干涉仪测量获得。通过上述过程可以获得光头的位移电压数据。通过上述方法得出光头的非线性度为 0.77%(曲线范围:-300 mV ~ 300 mV),测试灵敏度为 100 nm,测试稳定性为 10 nm。

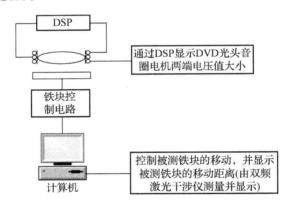

图 2.9 CD/DVD 光头特性测试原理图

三洋光头(SF-HD60S)的音圈电机位移－电压特性曲线如图 2.10 所示,CD/DVD 光头上的物镜光轴方向控制距离较大,在 $+0.8$ mm~ -0.7 mm 之间,而且曲线在零附近(-0.3 mm~ 0.3 mm 之间)有一段较长的线段,可以很好地满足音圈电机对 DVD 光头在光轴方向的控制。

2.3.4 伺服模块电路控制

飞秒激光双光子三维光盘存储实验系统伺服模块基于现有的 CD/DVD 伺服

系统进行构建,对现行 CD/DVD(MT1389SE)控制板电路进行了三点改进:聚焦伺服误差信号和循道伺服误差信号提取;增加四条通讯接口;增加光电监测器。聚焦和循道伺服误差信号的准确提取为系统读/写模块光头提供可靠的聚焦和循道伺服信号,可以保证读/写光头与伺服光头同步地工作。为了实现三维光存储过程中写入/读出时的可监控性,在光盘下层面上贴上一个黑色胶带,并且在原来控制板电路上增加了四条通讯接口,在光盘下面对应黑色胶带方位放上一个光电监测器,光电探测器信号变化示意图如图 2.11 所示,具体工作原理为:当光盘旋转到下光头对准黑色胶带所对应位置时,光电探测器接受不到光盘信号,光电探测器电信号从高电平变为低电平,开始记录旋转圈数,当旋转圈数等于 10 时,光头跳出黑色胶带位置,重新开始搜索黑色胶带方位。通过上述模块的加入,可以实现光盘上10 道范围内信息写入/读出的可控制性。

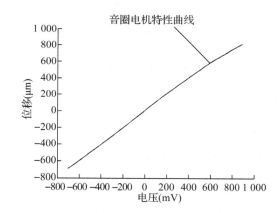

图 2.10　三洋光头音圈电机位移—电压特性曲线

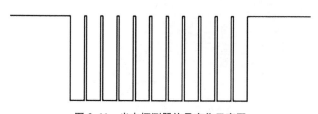

图 2.11　光电探测器信号变化示意图

2.3.5　读/写光头电路控制

伺服模块提供的聚焦伺服信号通过加法器和选层电压相加,并且经过隔离芯片 INA105 和功率放大器 LM675 处理,对读写光头进行控制。具体电路控制原理如图 2.12 所示,选层电压通过键盘控制和 89C52 控制 DA5542 芯片获得,读/写光头的聚焦信号通过选层信号与伺服模块提供的聚焦伺服误差信号相加获得,通过信号隔离和功率放大来驱动读/写光头;循道信号由伺服模块的循道伺服误差信号经过隔离芯片 INA105 和功率放大器 LM675 处理,对读/写光头进行控制。在三维光存储读/写过程中,光开关需与上述伺服模块返回光电探测器信号配合进行工作,控制流程如图 2.13 所示。

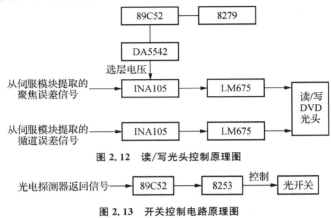

图 2.12 读/写光头控制原理图

光电探测器返回信号 → 89C52 → 8253 → 控制 → 光开关

图 2.13 开关控制电路原理图

2.3.6 读/写模块共焦系统

读/写模块共焦原理[81]如图 2.14 所示。点光源发出的光通过分光镜和物镜聚焦到样品的某一层面上,并激发出荧光。荧光由物镜收集并通过分光镜会聚到

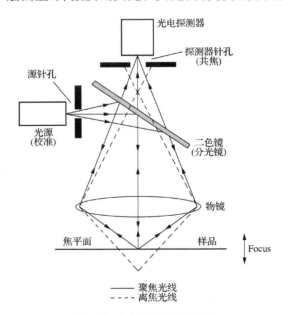

图 2.14 共焦显微镜基本原理

共焦小孔上,被探测器检测。由于共焦小孔、点光源和物镜焦面处于共轭位置,因此非焦面的荧光将被共焦小孔阻挡。通过逐点扫描工作台上的样品,探测器探测到的荧光信号强度经量化后转变为灰度值,经计算机处理得到样品的荧光图像。

因此,可以说共焦显微镜对厚样品具有光学断层成像的能力,在生物学上常被称作细胞的"CT"技术。共焦显微镜的光学断层能力是两种效果的结合。首先点光源被聚焦到样品中的某一点(焦点),而该点周围的光照较弱。其次共焦小孔与焦点和点光源共轭,只有焦点处发出的光才能进入探测器,而其他部分发出的光几乎全部被阻挡。

2.3.7 软件控制

图 2.15 为双光子三维光盘存储实验系统软件控制界面,系统控制流程为:在信息写入时,首先利用本软件把选层电压、开关频率、串口端口设置完成,接着让伺服模块运作,使伺服系统跟踪上盘片正常工作,同时用示波器观察伺服模块增加的光电探测器信号,当发现信号从高电平变为低电平时(即进入光盘读/写可控制部分),然后点击"运行",通过串口把设置的各项参数传递给单片机 89C52,控制存储系统正常运转。调节激光能量衰减器到最佳写入功率对存储材料进行信息写入。信息写入完成后,立刻设置好开关为常开,调节好激光读出功率,读出刚才所写入信息。

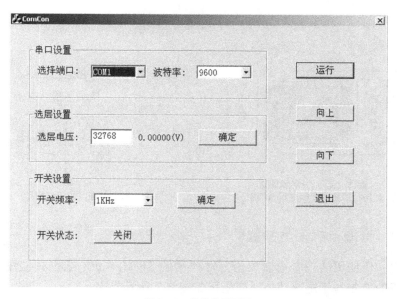

图 2.15 软件控制界面

2.4　系统模型及仿真

2.4.1　音圈电机原理及模型

　　光学拾取头(Optical Pickup Head)是光盘机的核心部件,它根据光盘反射光的光强、相位等特性产生伺服系统所需要的各种误差信号,如聚焦误差、循迹误差等,和用来拾取存储于光盘上的坑岸信息。它的执行机构就是四弦式音圈电机,如图 2.16 所示。物镜由四根导电的金属悬臂梁固定,并悬空于均匀的磁场中。四根梁正好提供聚焦和循迹线圈所需的电流。其优点是构造简单,成本低廉;缺点是组装困难,易于受外界振动干扰。图 2.17 为音圈电机之电气模型[82],它是由音圈电阻、音圈电感、线圈等效弹簧和线圈阻尼器构成。根据音圈电机的电气模型,可计算得到其传递函数的一般表达式为公式(2.1)。其中,X 表示音圈电机位移,U 为两端的驱动电压。通常该三阶系统有一个实极点位于远离虚轴位置,在要求精度不高的情况下,其影响可以忽略。最终模型可简化为典型的二阶系统,如公式(2.2)所示[83]。

$$G(s) = \frac{X(s)}{U(s)} = \frac{d}{s^3 + as^2 + bs + c} \qquad (2.1)$$

$$G(s) = \frac{K}{s^2 + 2\xi\omega_n s + \omega_n^2} \qquad (2.2)$$

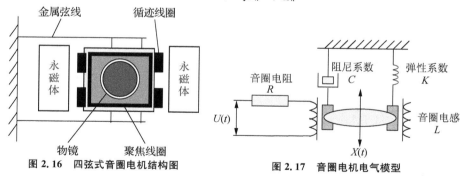

图 2.16　四弦式音圈电机结构图　　　　图 2.17　音圈电机电气模型

2.4.2　音圈电机模型参数的计算

　　实验中所使用的光学拾取头为三洋公司的 SF-HD60S。根据其使用手册,其音圈电机的聚焦与循迹致动器性能指标如表 2.1 所示[84]。

　　对聚焦致动器,由二阶传递函数,其模型可按以下方法计算[85]:

$$\omega_n = 2\pi F_0 = 132\pi(\text{rad/s})$$

$$G(\mathrm{j}0) = \frac{K}{\omega_n^2} = DC \Rightarrow K = 1.719\ 7 \times 10^5$$

$$20\log | G(\mathrm{j}\omega_n) | = Q_0 + 20\log(DC) \Rightarrow 20\log \frac{K}{2\xi\omega_n^2} = 16 + 20\log 1 \Rightarrow \xi = 0.079\ 2$$

故聚焦致动器的传递函数为：

$$G_{\mathrm{focus}}(s) = \frac{1.719\ 7 \times 10^5}{s^2 + 65.724\ 0\ s + 1.719\ 7 \times 10^5} \tag{2.3}$$

同理，可计算得循迹致动器的传递函数为：

$$G_{\mathrm{track}}(s) = \frac{1.031\ 8 \times 10^5}{s^2 + 127.85s + 1.719\ 7 \times 10^5} \tag{2.4}$$

这里需要说明的是，无论是聚焦致动器还是循迹致动器，均具有二次共振效应，即在主共振频率之后，还有一个频率高得多的共振点，一般其共振幅值比主共振幅值要小 40 dB 以上。二次共振点的存在对系统性能是有害的，应该尽量消除。为了简化模型，便于计算，这里我们不考虑二次共振的影响。

表 2.1　音圈电机主要性能指标

致动器	项目	规格
聚焦	主共振频率 F_0	66 Hz
	主共振峰值 Q_0	16 dB
	直流灵感度 DC	1.00 mm/V
循迹	主共振频率 F_0	66 Hz
	主共振峰值 Q_0	16 dB
	直流灵感度 DC	0.6 mm/V

2.4.3　噪声模型

为了使系统模型的行为更趋向于真实的系统，我们必须要对真实系统中存在的各种噪声和误差进行描述，并包括在系统模型中。对于光盘系统，由于最小信息点的尺寸都在微米，甚至亚微米范围内，读/写光束很容易受到各种误差因素的影响而无法准确聚焦于信道。为了准确描述系统的跟踪伺服过程，必须考虑系统运行过程中存在的各种误差，这些误差主要来源于三个方面[86]，如图 2.18 所示。

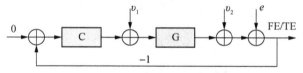

图 2.18　聚焦/循迹伺服系统噪声模型

　　第一类是过程噪声 v_1。由于电路中各种噪声的存在,音圈电机所接收到的控制信号与理想控制器的输出信号总是有差别的,这直接导致光头偏离理想位置。第二类是聚焦和循迹偏差噪声。对于聚焦伺服,聚焦偏差噪声的存在主要是由于盘片的高速转动和外界振动导致焦点偏离盘片。循迹偏差噪声的存在主要是由于盘片实际旋转中心并不是信道的几何中心所致,故也称偏心噪声。第三类是测量噪声。CD/DVD 系统的聚焦误差信号 FE 和循迹误差信号 TE 都是通过光电探测器转换得到的。由于光电探测器内部的电子起伏和其他噪声导致 FE 和 TE 的变化,从而影响伺服跟踪精度。对于第一类和第三类噪声,其数学模型可看成是由高斯白噪声经过不同的滤波器后所形成的噪声。而偏心误差可由几何关系求得而放入反馈回路。

2.4.4　系统模型及仿真

　　根据所得音圈电机的数学模型和噪声模型,在 Matlab\Simulink 下建立共焦双光头多层数据读/写系统的跟踪伺服模型,如图 2.19 所示。

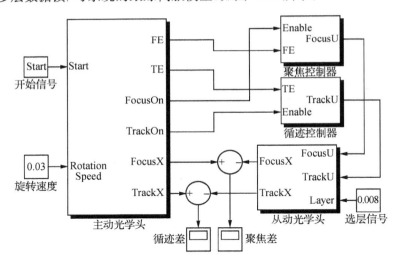

图 2.19　共焦双光头多层数据读写系统的跟踪伺服模型

　　聚焦控制器和循迹控制器均采用 Lead-Lag 方法设计,其中聚焦控制器 Lead-Lag 模型为:

$$F_{\text{leadc}}(s) = \frac{8 \times 10^8 (s + 1\,000)}{(s + 11 \times 10^4)(s + 9 \times 10^4)} \tag{2.5}$$

$$F_{\text{lagc}}(s) = \frac{80(s + 2\,000)}{(s + 70)} \tag{2.6}$$

循迹控制器 Lead-Lag 模型为:

$$T_{\text{leadc}}(s) = \frac{9.1 \times 10^8 (s + 1\ 200)}{(s + 6 \times 10^4)(s + 9 \times 10^4)} \qquad (2.7)$$

$$T_{\text{lagc}}(s) = \frac{120(s + 3\ 600)}{(s + 60)} \qquad (2.8)$$

补偿前后聚焦致动器的 Bode 图如图 2.20 所示。由图可知,补偿后的聚焦系统开环传递函数满足 ECMA-267-DVD 标准[87],即低频增益在 66～86 之间,剪切频率在 2.0 kHz 以上。

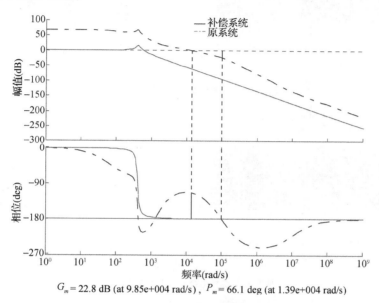

$G_m = 22.8$ dB (at 9.85e+004 rad/s), $P_m = 66.1$ deg (at 1.39e+004 rad/s)

图 2.20　补偿前后聚焦致动器的 Bode 图

在图 2.19 的系统模型中,Master CD/DVD 模块是主光头所在的 CD/DVD 光盘机模型,它包括音圈电机模型、控制器模型和噪声模型,主要由聚焦伺服、循道伺服和滑行伺服三个功能模块组成。StartSignal 模块输出脉冲信号,使 Master CD/DVD 模块开始运行。盘片转速由常数模块 RotationSpeed 决定。输出信号 FocusOn、TrackOn 表示系统聚焦伺服和循道伺服已经完成,开始输出 FE、TE 信号,如图 2.21 所示。FE、TE 分别经过聚焦控制器和循迹控制器后控制从光头模块 SlavePUH,实现双光头的同步运动。FocusX、TrackX 信号分别为聚焦位移和循迹位移,常数模块 SetLayer 输出选层电压,dFocus、dTrack 分别为双光头聚焦同步误差和循迹同步误差。图 2.22 所示为双光头的聚焦同步误差与循迹同步误差。在理想情况下,我们希望两个光头输出的 FocusX 和 TrackX 之差保持恒定值,这样从光头就能以与主光头同样的跟踪精度定位于体存储材料中的特定层,实现信息的写入与读出。由图可知误差基本保持在±0.02 mm 之内。在进一步改进控制器设计和抑制噪声影响之后，是可以把误差控制在±0.005 mm以内，以满足多层存储的定位要求。

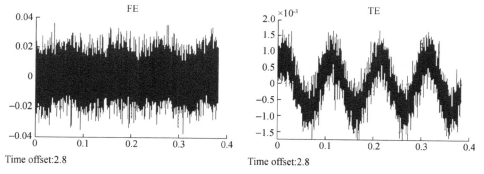

图 2.21　聚焦误差 FE 与循迹误差 TE

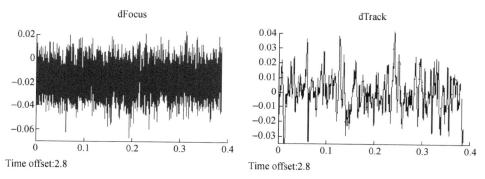

图 2.22　双光头聚焦与循迹误差曲线

根据音圈电机的线性位移特性，这个直流分量刚好满足我们的选层要求。图 2.23为仿真所得到的从光头的选层过程。从图中可知，当加载一直流选层信号后，从光头会有一个振荡过程，大概需要0.06 s的时间才能稳定于所选层。而这对

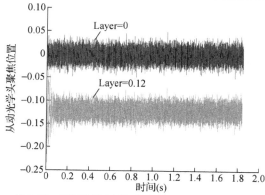

图 2.23　不同选层电压下从光头的聚焦位移曲线

于高速读/写来说还是不够,因此需要建立更快的跳层算法。

2.5　光学头的常规 PID 控制器设计

2.5.1　数字式 PID 控制算法

在 CD/DVD 光学读取头控制系统中,要求系统的输出值尽快地跟踪给定值的变化,即需尽快跟踪上光盘位置角度的变化,数字式 PID(比例-积分-微分)控制算法很好地满足了这个要求。

在 CD/DVD 计算机控制系统中,可采用数字 PID 控制器,数字 PID 控制算法通常又分为位置式 PID 控制算法和增量式 PID 控制算法。

1)位置式 PID 控制算法

由于计算机控制是一种采样控制,它只能根据采样时刻的偏差值计算控制量,因此对模拟式 PID 控制器中的积分和微分项不能直接使用,需要进行离散化处理。现在以一系列的采样点 kT 代表连续时间 t,以和式代替积分,以增量代替微分,则可以作如下的近似变换:

$$\left[\begin{array}{l} t = kT(k = 0,1,2) \\ \int_0^t e(t)\mathrm{d}t \approx \sum_{j=0}^{k} e(jT) = T\sum_{j=0}^{k} e(j) \\ \dfrac{\mathrm{d}e(t)}{\mathrm{d}t} \approx \dfrac{e(kT) - e((k-1)T)}{T} = \dfrac{e(k) - e(k-1)}{T} \end{array} \right] \qquad (2.9)$$

在上述离散化过程中,所选择的采样周期 T 必须足够小,才能保证控制系统有足够的精度。通过上述表达式,可以得到离散的 PID 表达式为:

$$u(k) = K_P\left\{ e(k) + \frac{T}{T_I}\sum_{j=0}^{k} e(j) + \frac{T_D}{T}[e(k) - e(k-1)] \right\} \qquad (2.10)$$

其中:

k 为采样序号;

$u(k)$ 为第 k 次采样时的输出值;

$e(k)$ 为第 k 次采样时输入的偏差值;

$e(k-1)$ 为第 $k-1$ 次采样时输入的偏差值;

K_I 为积分系数,$K_I = K_P T/T_I$;

K_D 为微分系数,$K_D = K_P T_D/T$。

对于位置式 PID 控制算法来说,位置式 PID 控制算法示意图如图 2.24 所示,由于全量输出,所以每次的输出量都与过去的状态有关系,因此要对误差进行累加计算,运算相对工作量比较大。而且如果执行器出现故障,则会引起执行机构位置的大幅度变化。

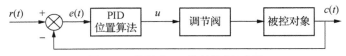

图 2.24　位置式 PID 控制算法示意图

2) 增量式 PID 控制算法

增量式 PID 控制指数字控制器的输出只是控制量的增量 $\Delta(k)$。增量式 PID 控制系统框图如图 2.25 所示。当执行机构需要的是控制量的增量时,可以由式(2.10)导出提供增量的 PID 控制算式。根据递推原理可得:

$$u(k-1) = K_{\mathrm{P}}e(k-1) + K_{\mathrm{I}}\sum_{j=0}^{k-1}e(j) + K_{\mathrm{D}}[e(k-1) - e(k-2)] \quad (2.11)$$

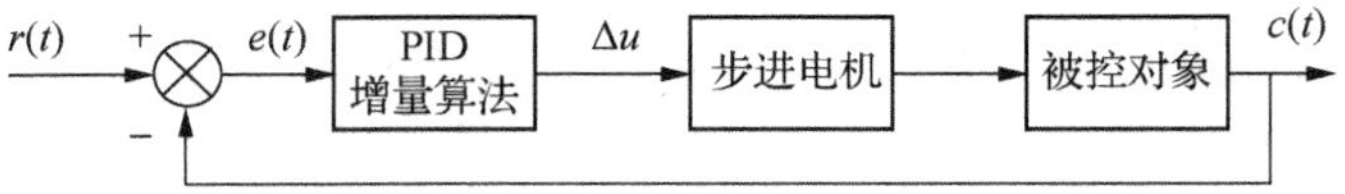

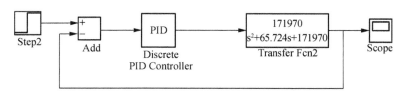

图 2.25　增量式 PID 控制算法示意图

用式(2.10)减去式(2.11),可得:

$$u(k) = u(k-1) + K_{\mathrm{P}}[e(k) - e(k-1)] + K_{\mathrm{I}}e(k) + K_{\mathrm{D}}[e(k) - 2e(k-1) + e(k-2)]$$
$$(2.12)$$

增量式控制算法的优点是误动作小,便于实现无扰动切换。当计算机出现故障时,可以保持原值,比较容易通过加权处理获得比较好的控制效果。但是由于其积分截断效应大,有静态误差,溢出影响大。

2.5.2　DVD 光学读取头的 PID 控制仿真

针对 CD/DVD 光学读取头,采用常规 PID 控制系统,构建 PID 控制系统仿真的模型如图 2.26 所示。

图 2.26　PID 控制系统

利用凑试法按以下步骤进行参数整定:

(1) 将积分、微分系数 K_{I}、K_{D} 设为 0,改变比例系数 K_{P} 的大小,分析其对系统

性能的影响。比例调节成比例地反映系统的偏差信号,系统一旦出现了偏差,比例调节环节会产生与其成比例的调节作用,以减小偏差。随着比例系数增大,系统的响应速度加快,系统的稳态误差减小,调节精度越高,但是系统容易产生超调,并且加大 K_P 只能减小稳态误差,却不能消除稳态误差。

(2)控制器为 P_I 控制器时,改变积分时间常数 T_I 大小,分析其对系统性能的影响。积分调节可以消除系统的稳态误差,提高系统的误差度。积分作用的强弱取决于积分时间常数 T_I,T_I 越小,积分速度越快,积分作用就越强,系统振荡次数较多。当然 T_I 也不能过小。

(3)设计 PID 控制器,选定合适的控制器参数,使闭环系统阶跃响应曲线的超调量尽可能小,过渡时间尽可能短。微分调节主要改善系统的动态性能,如果微分系数选择合适,可以减小超调,减小调节时间,允许加大比例控制,使稳态误差减小,提高控制精度。因此,可以改善系统的动态性能,得到比较满意的过渡过程。

PID 参数的整定就是合理选取 PID 三个参数。根据上述分析,$K_P=2$,$T_I=0.03$,$T_D=0.02$,可使系统的稳定性、响应速度、超调量和稳态误差可达到系统性能指标的要求。系统的阶跃曲线如图 2.27 所示。

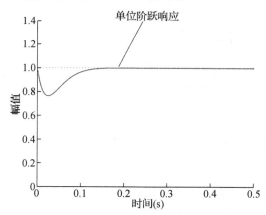

图 2.27　DVD 光学读取头的单位阶跃响应

2.6　光学头的模糊 PID 控制器设计

2.6.1　模糊 PID 算法

模糊控制基于模糊集合论、模糊语言变量和模糊推理来进行计算机智能控制,它的基本概念首先是由美国加利福尼亚大学著名教授查德提出,经过 20 多年的发展,在模糊控制理论和应用研究方面均取得了重大的成绩。模糊控制器的基本框图如图 2.28 所示,模糊控制器由微机或单片机组成,它的大部分功能是由计算机程序来实现,随着专用模糊芯片的出现,逐渐形成硬件代替各组成单元的软件功能。

在 PID 控制中根据系统在受控过程中对应不同范围的 $|e|$ 和 $|ec|$,将 PID 参数的在线整定规则归纳如下:

(1) 当 $|e|$ 较大时,采用较大的 K_P 与较小的 K_D,$K_I＝0$,以便控制系统具有较好的跟踪性能,同时由于对积分作用进行了相应的限制,从而可有效地避免出现较大的超调。

(2) 当 $|e|$ 为中等大小时,K_P 设为较小值,以降低响应超调量。K_D 的大小对系统响应影响将会较大,K_I 也需取相对适当的值。

(3) 当 $|e|$ 较小时,K_P 与 K_I 都设为较大值,以便提高控制系统的稳定性,此时 K_D 值的选择应根据 $|ec|$ 的大小来决定,当 $|ec|$ 较大时,K_D 设为较小值,当 $|ec|$ 较小时,K_D 设为较大值,从而可避免系统在设定值附近出现振荡。

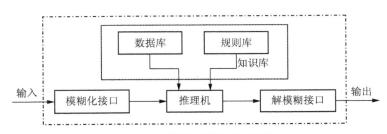

图 2.28　模糊控制器的组成框图

2.6.2　DVD 光学读取头的模糊 PID 控制仿真

在 DVD 光学头控制系统中,要求系统的输出值尽快地跟踪给定值的变化,即需要尽快地跟踪上光盘位置角度的变化,模糊 PID 控制算法很好地满足了这个要求。针对 DVD 光学读取头,采用模糊 PID 算法,构建模糊 PID 控制系统的仿真模型,通过模糊控制规则在线对 PID 参数进行整定。

设计模糊控制器,本文采用的是两输入(e,ec)三输出(K_P,K_I,K_D)的形式,模糊集均为{负大,负中,负小,零,正小,正中,正大},简记为{NB,NM,NS,ZO,PS,PM,PB},其中 e、ec 的论域为 $[-3,-2,-1,0,1,2,3]$,K_P,K_I,K_D 的论域为 $[-6,-4,-2,0,2,4,6]$,建立了合适的模糊规则表,如表 2.2、表 2.3、表 2.4 所示:

1) K_P 的模糊规则表

表 2.2 K_P 的模糊规则表(行为 ec,列为 e,内容为 ΔK_P,下同)

	NB	NM	NS	ZO	PS	PM	PB
NB	PB	PB	PM	PM	PS	ZO	ZO
NM	PB	PB	PM	PS	PS	ZO	NS
NS	PM	PM	PM	PS	ZO	NS	NS
ZO	PM	PM	PS	ZO	NS	NM	NM
PS	PS	PS	ZO	NS	NS	NM	NM
PM	PS	ZO	NS	NM	NM	NM	NB
PB	ZO	ZO	NM	NM	NM	NB	NB

2) K_I 的模糊规则表

表 2.3 K_I 的模糊规则表

	NB	NM	NS	ZO	PS	PM	PB
NB	NB	NB	NM	NM	NS	ZO	ZO
NM	NB	NB	NM	NS	NS	ZO	ZO
NS	NM	NM	NS	NS	ZO	PS	PS
ZO	NM	NM	NS	ZO	PS	PM	PM
PS	NS	NS	ZO	PS	PS	PM	PB
PM	ZO	ZO	PS	PS	PM	PB	PB
PB	ZO	ZO	PS	PM	PM	PB	PB

3) K_D 的模糊规则表

表 2.4 K_D 的模糊规则表

	NB	NM	NS	ZO	PS	PM	PB
NB	PS	NS	NB	NB	NB	NM	PS
NM	PS	NS	NB	NM	NM	NS	ZO
NS	ZO	NS	NM	NM	NS	NS	ZO
ZO	ZO	NS	NS	NS	NS	NS	ZO
PS	ZO	ZO	ZO	ZO	ZO	ZO	ZO
PM	PB	NS	PS	PS	PS	PS	PB
PB	PB	PM	PM	PM	PS	PS	PB

当建立 K_P、K_I、K_D 的模糊规则表后,可采用以下方法进行 K_P、K_I、K_D 的自适应在线整定。设 e、ec 和 K_P、K_I、K_D 均满足正态分布,可得到各模糊子集的隶属

度,应用模糊合成推理设计 PID 参数的模糊矩阵表,查出修正参数代入下式计算:

$$K_P = K_P{}' + \{e_i, ec_i\}p; \quad K_I = K_I{}' + \{e_i, ec_i\}i; \quad K_D = K_D{}' + \{e_i, ec_i\}d \quad (2.13)$$

控制系统通过对模糊逻辑规则的结果处理、查表和运算,完成对 PID 参数在线自动校正。

DVD 光学头控制系统采样时间设定为 0.5 ms,输入信号为单位阶跃信号,采用模糊 PID 算法进行光头控制,获得的单位阶跃响应如图 2.29 所示。

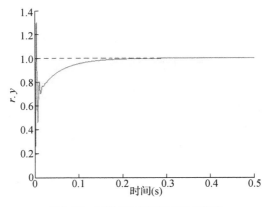

图 2.29　模糊 PID 控制单位阶跃相应

从 Matlab 仿真结果可以看出,DVD 光学头采用模糊 PID 算法进行控制,单位阶跃响应的超调量比一般的 PID 控制要小,调整时间也相对较短,可迅速地使系统达到稳定。从这些可以看出,无论从速度还是稳定性来说都比普通 PID 控制要优越,因此在工业用途上能满足各类精度和稳定性能控制的需求。

2.7　光学头的最少拍控制器设计

在 DVD 光学头控制系统中,要求系统的输出值尽快地跟踪给定值的变化,即需尽快跟踪上光盘位置角度的变化,最少拍无纹波控制器是为满足这一要求进行设计的离散化方法。所谓最少拍控制,就是要求闭环系统对于某种特定的输入在最少个采样周期内达到无静差的稳定,且闭环脉冲传递函数具有以下形式:

$$\varphi(z) = \varphi_1 z^{-1} + \varphi_2 z^{-2} + \cdots + \varphi_N z^{-N}$$

式中,N 是可能情况下的最小正整数。最少拍无纹波控制器设计的一般步骤如下:

(1)根据输入信号类型选择误差脉冲传递函数 $\varphi_e(z)$。把广义被控对象 $G(z)$ 的不稳定极点作为 $\varphi_e(z)$ 的零点,再添上同阶关系要求的附加项。

(2)确定闭环脉冲传递函数 $\varphi(z)$。把广义被控对象 $G(z)$ 的纯滞后因子 z^{-d} 作为 $\varphi(z)$ 的纯滞后因子,并把 $G(z)$ 的所有零点作为 $\varphi(z)$ 零点,再添上同阶关系要求的附加项。

（3）确定数字控制器 $D(z)$。利用 $\varphi_e(z) = 1 - \varphi(z)$ 这一关系确定出上述附加项的全部待定系数。由 $D(z) = \dfrac{1}{G(z)}\dfrac{\varphi(z)}{\varphi_e(z)}$ 确定数字控制器 $D(z)$。

DVD 光学头的最少拍控制器，就是要求 DVD 光学头闭环控制系统对于光盘位置变化这一外部信号在最少个采样周期内达到无静差稳态，即 DVD 光学头完全跟踪上光盘。下面详细介绍 DVD 光学头的最少拍无纹波控制器设计。

DVD 光学头的最少拍无纹波控制器的具体设计如下：

首先，通过 DVD 光学头聚焦致动器的传递函数公式(2.3)，假设采样周期 $T=1$ s，则 DVD 光学头聚焦致动器的广义对象脉冲传递函数为：

$$
\begin{aligned}
G(z) &= Z\Big[\frac{1-\mathrm{e}^{-Ts}}{s}G_{\mathrm{focus}}\Big] \\
&= (1-z^{-1})Z\Big[\frac{1.719\ 7\times10^5}{s(s^2+65.724\ 0s+1.719\ 7\times10^5)}\Big] \\
&= (1-z^{-1})Z\Big[\frac{1}{s}-\frac{s}{s^2+65.724\ 0s+1.719\ 7\times10^5}+\frac{65.724\ 0}{s^2+65.724\ 0\,s+1.719\ 7\times10^5}\Big] \\
&= (1-z^{-1})Z\Big[\frac{1}{s}-\frac{s+32.862}{(s+32.862)^2+1.719\ 7\times10^5-32.862^2} \\
&\quad +\frac{98.586}{(s+32.862)^2+1.7197\times10^5-32.862^2}\Big] \\
&= 1-\frac{(1-z^{-1})(z^2-z\mathrm{e}^{-aT}\cos\omega T)}{z^2-2z\mathrm{e}^{-aT}\cos\omega T+\mathrm{e}^{-2aT}}+\frac{98.586}{\omega}\,\frac{(1-z^{-1})(\mathrm{e}^{-aT}\sin\omega T)}{z^2-2z\mathrm{e}^{-aT}\cos\omega T+\mathrm{e}^{-2aT}} \\
&= \frac{-z\mathrm{e}^{-aT}\cos\omega T+z+\mathrm{e}^{-2aT}-\mathrm{e}^{-aT}\cos\omega T-\dfrac{98.586}{\omega}z^{-1}\mathrm{e}^{-aT}\sin\omega T+\dfrac{98.586}{\omega}\mathrm{e}^{-aT}\sin\omega T}{z^2-2z\mathrm{e}^{-aT}\cos\omega T+\mathrm{e}^{-2aT}} \\
&\approx \frac{1}{z} \tag{2.14}
\end{aligned}
$$

其中，$a=32.862$，$\omega=\sqrt{1.719\ 7\times10^5-32.862^2}=413.388\ 5$。

针对单位速度输入信号进行最少拍无纹波控制器设计，其中 $d=0,q=2,v=0$，$j=0,\omega=0$，由于 $j<q$，所以有

$$
\begin{cases}
m=\omega+d=0 \\
n=v-j+q=2
\end{cases} \tag{2.15}
$$

对于单位速度输入信号，选择：

$$
\varphi_e(z)=1-\varphi(z)=\Big[\prod_{i=1}^{v-j}(1-a_iz^{-1})\Big](1-z^{-1})^qF_1(z)=(1-z^{-1})^2 \tag{2.16}
$$

$$\varphi(z) = z^{-d} \Big[\prod_{i=1}^{\omega} (1 - b_i z^{-1}) \Big] F_2(z) = (f_{21} z^{-1} + f_{22} z^{-2}) \qquad (2.17)$$

由公式(2.16)和式(2.17)联立方程可得：

$$(1 - z^{-1})^2 = 1 - (f_{21} z^{-1} + f_{22} z^{-2})$$

$$\begin{cases} f_{21} = 2 \\ f_{22} = -1 \end{cases}$$

因此

$$\varphi(z) = 2z^{-1} - z^{-2}$$

$$\varphi_e(z) = (1 - z^{-1})^2$$

根据数字控制器计算公式，可得：

$$D(z) = \frac{1}{G(z)} \frac{\varphi(z)}{1 - \varphi(z)} = \frac{z(2z^{-1} - z^{-2})}{(1 - z^{-1})^2} \qquad (2.18)$$

2.8　本章小节

　　本章简单介绍了 CD/DVD 系统和相关伺服技术，基于此技术和双光子吸收技术，搭建了一套与 CD/DVD 相兼容的实验存储系统，详细介绍了系统中各部件的机理和控制，包括声光调制器的机理及测试控制方法、三维存储盘片结构、CD/DVD 光头的测试方法及光头位移－电压特性曲线、伺服模块电路控制、读/写模块电路控制，读/写模块共焦原理以及系统软件控制等。对该双光头三维光盘存储系统进行模型建立和模拟仿真，并采用常规 PID 算法、模糊 PID 算法和最少拍控制算法，对 DVD 光学头进行 Matlab 仿真。

3 飞秒激光三维光盘存储系统的测试

在读/写过程中,读/写光头能否与伺服光头同步跟踪盘片误差是一个重要的问题。盘片转动过程中,轴向误差幅值为 200 ~ 400 μm,径向误差幅值约为 200 μm,而三维信息点尺寸在微米量级,如果不对盘片转动误差进行伺服跟踪,将无法正确读写。系统伺服模块采用的 DVD 聚焦和循道伺服技术,聚焦精度可达 $\pm 0.1\ \mu m$,循道精度可达 $\pm 0.022\ \mu m$,能满足三维信息存储的需要。伺服模块在跟踪盘片转动误差过程中,同时为读/写模块提供盘片聚焦、循道激励信号,读/写模块将聚焦激励信号与选层信号相加,经过增益调节、功率放大来驱动读/写光头的聚焦运动,跟踪轴向转动误差。同时,读/写模块将循道误差信号经过增益调节、功率放大来驱动读/写光头的循道运动,跟踪径向误差。当需要改变读/写层时,根据音圈电机特性曲线,调整选层电压即可实现多层读写。

为了获得三维光盘存储系统双光头的同步性能,使双光头存储系统可以正常工作,双光头同步误差需小于 2 μm,针对上述要求对双光头系统采用直接测试和间接测试两种方法进行同步误差测试。

3.1 直接测试法

伺服模块基于 MT1389 芯片工作,由于进行存储实验时材料反应速度的限制,主轴电机转速设定为 0.8 r/s,在不同的选层电压下,采集伺服模块光头和荧光读/写模块光头的聚焦驱动信号,驱动信号均为类正弦波形,正确地反映了盘片转动过程中轴向误差呈现出与转速有关的周期性,如图 3.1(a) ~ (e)所示,图中上方左侧为读/写光头曲线,下方右侧为伺服光头曲线。由图 3.1(a)可以看出,如果读/写光头聚焦致动器两端不加上选层电压,可以获得与伺服光头聚焦致动器基本一样的驱动电压,两个光头之间的驱动电压均方根误差为 0.045 V。图3.1(b)为在 0.3 V 选层电压下,读/写光头聚焦致动器两端的驱动电压与伺服光头聚焦致动器两端的驱动电压随着时间变化的对比情况。可以看到,两个光头的驱动电压基本是一致的,大约相差一个直流分量 0.3 V,如把(b)中读/写光头聚焦致动器两端的驱动电压减去 0.3 V,两个光头之间的驱动电压均方根误差仅为0.059 V。同理,图 3.1(c)、(d)、(e)分别为—0.3 V、0.5 V、—0.5 V选层电压下,读/写光头聚焦致动器两端的驱动电压与伺服光头聚焦致动器两端的驱动电压随着时间变化的对比情况。可以看到,两个光头的驱动电压基本是一致的,大约相差一个直流分量(选层电压大小)。如把读/写光头聚焦致动器两端的驱动电压减去直流分量,可以获得与伺服光头聚焦致动器基本一致的直流驱动电压。从上述对不同选层电压情况的测试分析,虽然测试结果基本满足双光头存储系统的要求,但是双光头同步误差相对过大,在进行双光头三维光存储读写过程中,不能使光会聚到信息点光强的最强处,因此还需要对存储系统中的读/写模块电路部分进行相应改进,从而得到较好的同步误差数据。

图 3.2 为系统正常运行条件下,伺服模块光头和荧光读/写模块光头的循道驱动信号的对比,图中左侧为读/写光头曲线,右侧为伺服光头曲线。由图中可以看出,两光头在道跟踪上随着时间的推移,可以看出道驱动电压在幅值和相位上基本保持一致,两个光头之间的驱动电压均方根误差为 0.172 V。从上述测试结果可以看出,双光头循道同步基本满足实验的要求。

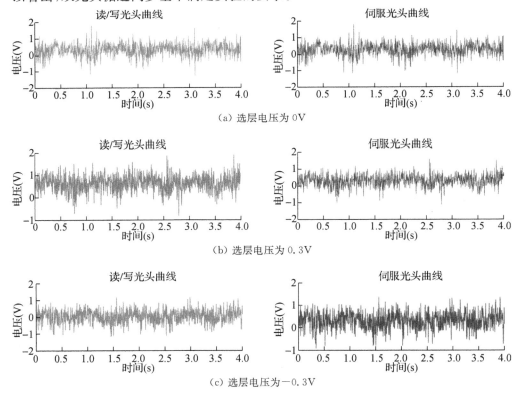

(a) 选层电压为 0V

(b) 选层电压为 0.3V

(c) 选层电压为—0.3V

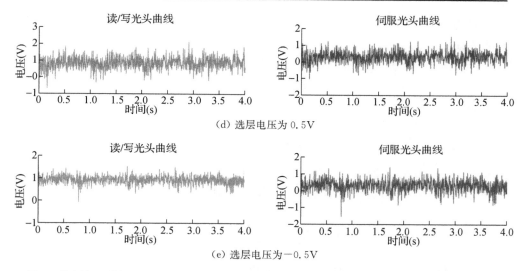

图 3.1 荧光读/写模块光头的选层电压不同时伺服模块光头和荧光读/写模块光头的聚焦激励信号对比

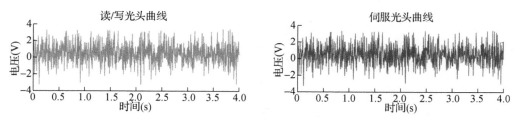

图 3.2 伺服模块光头和荧光读/写模块光头的循道激励信号对比

如上述分析,双光头三维光存储系统正常运行需双光头驱动电压同步误差越小越好,同步误差信号的均方根误差与实际存储数据之间存在以下关系:当同步误差信号的均方根误差越小,激光束通过读/写光头可以落在存储点信号光强越强处,可以获得越好的存储实验结果;当均方根大到一定程度时,激光束就会落在存储点的外面,无法读到信息点,影响信息的写入与读出。

3.2 间接测试法

3.2.1 测试原理

图 3.3 所示为双光头同步聚焦误差检测系统原理图。L_1、L_2 为上下光头物镜,通光孔径 $2a$,焦距 f_1,间距为 d。L_3 为双凸透镜,通光孔径 $2b$,焦距 f_2,与 L_2 的间距为 x,与四象限探测器表面距离为 c。设 e 为四象限探测器有效感应区边长。利用几何光学 $ABCD$ 变换矩阵计算[88]各输入面的光线坐标及变换矩阵。

对物镜 L_1：

输入光线：

$$U_{1i} = \begin{pmatrix} a \\ 0 \end{pmatrix} \tag{3.1}$$

变换矩阵为：

$$M_1 = \begin{pmatrix} 1 & 0 \\ -\dfrac{1}{f_1} & 1 \end{pmatrix} \tag{3.2}$$

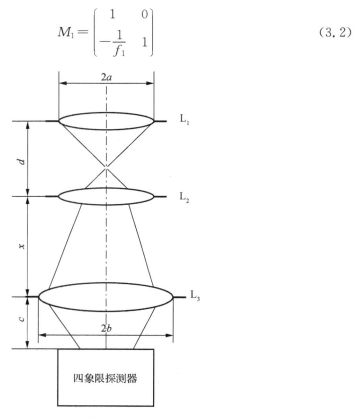

图 3.3　同步聚焦误差检测原理图

对物镜 L_2：

输入光线：

$$U_{2i} = \begin{pmatrix} 1 & d \\ 0 & 1 \end{pmatrix} M_1 U_{1i} = \begin{pmatrix} 1 & d \\ 0 & 1 \end{pmatrix} \begin{pmatrix} 1 & 0 \\ -\dfrac{1}{f_1} & 1 \end{pmatrix} \begin{pmatrix} a \\ 0 \end{pmatrix} = \begin{pmatrix} a\left(1 - \dfrac{d}{f_1}\right) \\ -\dfrac{a}{f_1} \end{pmatrix} \tag{3.3}$$

变换矩阵为：

$$M_2 = \begin{pmatrix} 1 & 0 \\ -\dfrac{1}{f_1} & 1 \end{pmatrix} \tag{3.4}$$

对物镜 L_3：

输入光线：

$$U_{3i} = \begin{pmatrix} 1 & x \\ 0 & 1 \end{pmatrix} M_2 U_{2i} = \begin{pmatrix} 1 & x \\ 0 & 1 \end{pmatrix} \begin{pmatrix} 1 & 0 \\ -\dfrac{1}{f_1} & 1 \end{pmatrix} \begin{pmatrix} a(1-\dfrac{d}{f_1}) \\ -\dfrac{a}{f_1} \end{pmatrix} = \begin{pmatrix} a(1-\dfrac{x}{f_1})(1-\dfrac{d}{f_1}) - a\dfrac{x}{f_1} \\ -\dfrac{a}{f_1}(2-\dfrac{d}{f_1}) \end{pmatrix} \tag{3.5}$$

变换矩阵为：

$$M_3 = \begin{pmatrix} 1 & 0 \\ -\dfrac{1}{f_2} & 1 \end{pmatrix} \tag{3.6}$$

对四象限探测器：

输入光线：

$$U_{4i} = \begin{pmatrix} 1 & c \\ 0 & 1 \end{pmatrix} M_3 U_{3i} = \begin{pmatrix} 1 & c \\ 0 & 1 \end{pmatrix} \begin{pmatrix} 1 & 0 \\ -\dfrac{1}{f_2} & 1 \end{pmatrix} \begin{pmatrix} a(1-\dfrac{x}{f_1})(1-\dfrac{d}{f_1}) - a\dfrac{x}{f_1} \\ -\dfrac{a}{f_1}(2-\dfrac{d}{f_1}) \end{pmatrix}$$

$$= \begin{pmatrix} (1-\dfrac{c}{f_2})(a(1-\dfrac{x}{f_1})(1-\dfrac{d}{f_1}) - \dfrac{ax}{f_1}) + c(\dfrac{a(1-\dfrac{d}{f_1})}{f_1} - \dfrac{a}{f_1}) \\ -\dfrac{a(1-\dfrac{x}{f_1})(1-\dfrac{d}{f_1}) - \dfrac{ax}{f_1}}{f_2} - \dfrac{a(1-\dfrac{d}{f_1})}{f_1} - \dfrac{a}{f_1} \end{pmatrix} \tag{3.7}$$

为使四象限探测器输出光强变化只与 L_1 与 L_2 之间的距离变化有关，透镜 L_2 输出的光能必须被全部接收，即满足下式：

$$\begin{cases} |U_{2i}(1,1)| > a \\ |U_{3i}(1,1)| < b \Rightarrow \\ |U_{4i}(1,1)| < e \end{cases} \begin{cases} |a(1-\dfrac{d}{f_1})| > a \\ |a(1-\dfrac{x}{f_1})(1-\dfrac{d}{f_1}) - a\dfrac{x}{f_1}| < b \\ |(1-\dfrac{c}{f_2})(a(1-\dfrac{x}{f_1})(1-\dfrac{d}{f_1}) - \dfrac{ax}{f_1}) - a \times \dfrac{c}{f_1} \times \dfrac{d}{f_1}| < e \end{cases} \tag{3.8}$$

此时 L_2 的输出光能可计算如下：

$$\begin{cases} I(r,z) = \dfrac{I_0 \times \omega_0^2}{\omega^2(z)} \exp(-2 \times r^2/\omega^2(z)) \\ Y(z) = \displaystyle\int_0^a \int_0^{2\pi} r \times I(r,z)\mathrm{d}r\mathrm{d}\theta = \dfrac{\pi \times I_0 \times \omega_0^2}{2} \left[1 - \exp(-2a^2/\omega^2(z))\right] \end{cases} \tag{3.9}$$

其中，$z=d-f_1$ 为 L_2 距输入高斯光束束腰距离，I_0 为输入高斯光束束腰中心光强，ω_0 为束腰半径，$\omega(z)$ 为高斯光束束宽。$Y(z)-z$ 关系曲线如图 3.4 所示。由图可知该曲线存在一段线性区，在此区间可以将光头间的距离变化转换为四象限探测器的输出电信号的变化。此外，由于输入高斯光束是经过准直的，故可近似看做平行光，上光头物镜的运动并不引起输入光的变化，当上下光头同步运动时，可近似看做上光头不动，下光头微动。

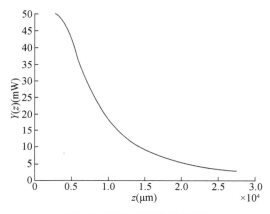

图 3.4　光能－距离关系曲线图

设上下光头聚焦致动器的标称传递函数为 $G(s)$，实际传递函数分别为 $G_1(s)$、$G_2(s)$，输入驱动信号为 $U(t)=A_0\sin(2\pi ft)$，初始静止状态、下光头运动和双光头同步运动时，四象限探测器的输出分别为 $Y_0(t)$、$Y_s(t)$、$Y_d(t)$。$X_1(t)$、$X_2(t)$ 分别为上、下光头位移，$\Delta(t)$ 为同步聚焦误差。对应的频域信号分别为 $U(s)$、$Y_0(s)$、$Y_s(s)$、$Y_d(s)$、$X_1(s)$、$X_2(s)$ 和 $\Delta(s)$，则双光头同步误差幅值可由式(3.10)求得。

$$\begin{cases} X_1(s)=G_1(s) \times U(s) \\ X_2(s)=G_2(s) \times U(s) \\ Y_s(s)=K \times X_2(s)+Y_0(s) \\ Y_d(s)=K \times (X_2(s)-X_1(s))+Y_0(s) \end{cases} \Rightarrow |\Delta(s)| = \left| \frac{Y_d(s)-Y_0(s)}{Y_s(s)-Y_0(s)} \right| |G_2(s)||U(s)|$$

$$\tag{3.10}$$

其中，$U(s)$ 已知，$G_2(s) \approx G(s)$ 且 $G(s)$ 可通过计算得到[84,85]，$Y_s(t)$、$Y_d(t)$、$Y_0(t)$ 均由实验测得，故可求得同步误差信号 $\Delta(s)$ 的幅值。

3.2.2　测试实验结果及分析

　　实验所用同步聚焦误差检测装置，包括三维移动平台、SANYO 公司的 SF-HD60S光头、K9 双凸透镜 GCL-010215、S4349 四象限探测器、信号处理及控制电路以及 800 nm 的连续光光源。各器件参数如下：$f_1 = 3.07$ mm，$NA = 0.47$，$a = f_1 \times NA = 1.44$ mm，$f_2 = 15.0$ mm，$b = 4.5$ mm，$e = 3.0$ mm。

　　根据式（2.16）要求，为使检测系统工作在线性区，设定各位置参数初始值如下：$d_0 = 7.0$ mm，$x_0 = 9.0$ mm，$c = 7.0$ mm。输入驱动信号为：峰-峰值为 0.5 V，频率依次为 0.8 Hz，1～10 Hz（间隔 1 Hz），20～100 Hz（间隔 10 Hz）的正弦信号。对任一频率驱动信号，分别记录初始静止状态下四象限探测器的输出信号一次，下光头运动时的输出三次以及双光头同步运动时的输出三次。其间保持输入光功率为 16 mW 不变。图 3.5 所示为 20 Hz 输入驱动信号及各运动状态下，四象限探测器的输出信号。由图可知，下光头运动时，探测器输出信号 $Y_s(t)$ 是与驱动信号 $U(t)$ 同频的正弦信号，说明系统工作在线性区，能很好地检测出光头的位移。双光头同步运动时，探测器输出信号 $Y_d(t)$ 中除了同步误差信号外，其主要成分为静止状态下的输出信号 $Y_0(t)$。

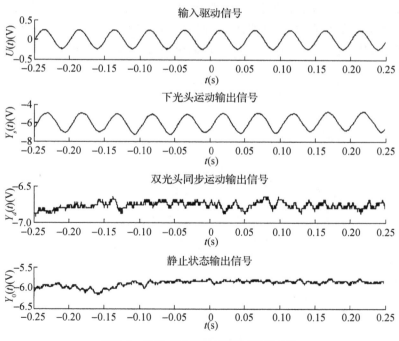

图 3.5　20 Hz 输入驱动信号及各输出信号

根据式(3.10),对各频率下的输出信号进行频域分析,计算得到不同频率下同步误差幅值$|\Delta(s)|$,如图3.5所示。由于输入连续光光源功率的不稳定以及探测器本身的噪声,使得静止状态的输出信号$Y_0(t)$在时域表现出很大的随机性和高幅低频振荡。因此,在计算过程中,$Y_0(s)$取各频率下测得的$Y_0(t)$信号FFT变换的平均值。计算结果表明,输入信号在40 Hz以下时,同步聚焦误差幅值不超过13 μm,其中在20 Hz附近达到最小值0.679 5 μm,其次为9 Hz附近的1.255 6 μm。而频率在60~80 Hz之间时,同步误差达到100 μm以上,这是由于音圈电机的标称共振频率为66 Hz,系统处于共振频率附近而导致的。只有当双光头同步聚焦误差小于2 μm时,双光头存储系统才能基本满足多层存储的要求,因此在选择适当工作频率的情况下,共焦双光头同步聚焦伺服跟踪方式可以基本满足多层数据存储系统的要求。

3.3　本章小节

本章主要内容是利用两种方法对双光头同步性能进行了具体测试,结果表明在一定条件下双光头同步误差基本符合双光头三维光存储系统正常运行需满足双光头同步误差小于2 μm的要求,但是双光头同步误差仍相对较大,为使激光束会聚到信息点光强的最强处,还需要对三维光存储系统中的读/写模块电路部分进行相应的改进,从而使双光头同步误差达到最小,获得最好的存储实验结果。

4 折射率失配对双光子三维光存储的影响及补偿研究

4.1 引言

在前几章中,我们阐述了用双光子吸收及共焦显微镜来写入和读出三维数据信息。双光子吸收的非线性使这一方法具有三维写入的能力,即在写入某一层时不会破坏其相邻层的数据。共焦小孔的存在也使共焦显微镜具备了三维信息的读出能力,即相邻层的信息会被共焦小孔阻挡,只有焦面上的信息能够被共焦显微镜读取。

但是,我们在前面的实验中进行信息的读写时,均使用了干燥系物镜(非油镜或水镜)。这也是实用的光存储技术常用和较易实现的方式。在进行三维数据读写时,写入激光或读出激光均需要会聚到样品的内部。也就是说,激光在传播过程中经过了两层不同的介质,即空气和样品。由于通常两层介质的折射率不同,因此这种情况下的光斑与在单一介质中的光斑相比,形状发生了变化。这种变化对数据的写入和读出均会构成一定的影响。因此从理论上研究由于折射率失配对双光子三维光存储的影响和补偿对于将三维光存储技术实用化具有非常重要的意义。

4.2 三维光存储中折射率失配引起的像差理论和实验研究

4.2.1 模型建立及理论计算

在双光子三维光信息存储过程中,光束需经过两层不同的介质,即空气和存储材料。空气和存储材料的折射率分别为 n_1 和 n_2,$n_1 = 1$,$n_2 = n$。由于两种介质具有不同的折射率,从而导致信息存储点从 P 移动到 P_1,理想成像点深度为 d_0,由折射率失配引起的成像深度为 d，在近轴条件下，由计算可以得到：

$$d = n \times d_0 \tag{4.1}$$

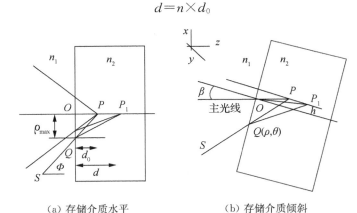

（a）存储介质水平 　　　　（b）存储介质倾斜

图 4.1　光通过两层介质的聚焦路径

从图 4.1 可以看出傍轴光线在出瞳口上的最大半径为 ρ_{max}，入射角为 φ，光线 SQP_1 与出瞳窗口的交点 Q 坐标为 (ρ,θ)，通过波像差函数推导可以得出[89]：

$$W(x,y;\eta) = \frac{1}{8}S_1 \frac{(x^2+y^2)^2}{h_p^4} + \frac{1}{2}S_2 \frac{y(x^2+y^2)}{h_p^3} \cdot \frac{\eta}{\eta_{max}} + \frac{1}{2}S_3 \frac{y^2}{h_p^2} \cdot \frac{\eta^2}{\eta_{max}^2}$$
$$+ \frac{1}{4}(S_3+S_4) \frac{(x^2+y^2)}{h_p^2} \cdot \frac{\eta^2}{\eta_{max}^2} + \frac{1}{2}S_5 \frac{y}{h_p} \cdot \frac{\eta^3}{\eta_{max}^3} \tag{4.2}$$

上式五项依次分别代表初级（赛德耳）像差：球差、慧差、像散、场曲、畸变，x、y 为任一出瞳窗口上的坐标，通过对式（4.2）极坐标替换，可以得到：

$$W(\rho,\theta;\eta) = \frac{1}{8}S_1 \frac{\rho^4}{h_p^4} + \frac{1}{2}S_2 \frac{\rho^3\cos\theta}{h_p^3} \cdot \frac{\eta}{\eta_{max}} + \frac{1}{2}S_3 \frac{\rho^2\cos^2\theta}{h_p^2} \cdot \frac{\eta^2}{\eta_{max}^2}$$
$$+ \frac{1}{4}(S_3+S_4) \frac{\rho^2}{h_p^2} \cdot \frac{\eta^2}{\eta_{max}^2} + \frac{1}{2}S_5 \frac{\rho\cos\theta}{h_p} \cdot \frac{\eta^3}{\eta_{max}^3} \tag{4.3}$$

其中，h_p 为出瞳口上最大入射高，η 为像高，η_{max} 为最大像高，

$$\eta_{max} = \rho_{max} = h_p$$

$$NA = n_1 \sin\varphi = \sin(\arctan h_p/d_0) \approx h_p/d_0 = nh_p/d \tag{4.4}$$

由式（4.4）可以得到：

$$h_p = \rho_{max} = d_0 \cdot NA = d \cdot NA/n \tag{4.5}$$

由平行平板条件[89]可得出：

$$S_1 = -\frac{n_1(n^2-1)}{n^3}u^4d; \quad S_2 = \frac{\bar{u}}{u}S_1; \quad S_3 = \left(\frac{\bar{u}}{u}\right)^2 S_1; \quad S_4 = 0; \quad S_5 = \left(\frac{\bar{u}}{u}\right)^3 S_1 \tag{4.6}$$

在近轴条件下，由图 4.1 几何关系可得：

$$u = h_p/d_0; \quad \eta = d_0\tan(\beta) \tag{4.7}$$

设 $m = \rho / \rho_{max}$，把式(3.5)、式(3.6)、式(3.7)代入式(3.3)可得：

$$W(m, \theta) = a_1 m^4 + a_2 m^3 \cos\theta + a_3 m^2 \cos^2\theta + a_4 m^2 + a_5 m \cos\theta \qquad (4.8)$$

其中，a_1、a_2、a_3、a_4、a_5 分别为初级像差：球差、慧差、像散、场曲、畸变系数。

$$a_1 = -\frac{1}{8} \frac{n^2 - 1}{n^3} NA^4 \cdot d \qquad (4.9)$$

$$a_2 = -\frac{1}{2} \frac{n^2 - 1}{n^3} NA^3 \cdot d \cdot \beta \qquad (4.10)$$

$$a_3 = -\frac{1}{2} \frac{n^2 - 1}{n^3} NA^2 \cdot d \cdot \beta^2 \qquad (4.11)$$

$$a_4 = -\frac{1}{4} \frac{n^2 - 1}{n^3} NA^2 \cdot d \cdot \beta^2 \qquad (4.12)$$

$$a_5 = -\frac{1}{2} \frac{n^2 - 1}{n^3} NA \cdot d \cdot \beta^3 \qquad (4.13)$$

从式(4.9)～式(4.13)可以看出，当存储材料处于水平状态时，在存储读写过程中只受由折射率失配引起的球差影响，其余各项均为零；当存储材料处于倾斜状态时，存储读写过程不但受到折射率失配引起球差的影响，还受到其余各项初级像差(慧差、像散、场曲、畸变系数)的影响。

在存储介质水平状态时，模拟激光存储过程中球差随数值孔径、存储深度、折射率等参数变化关系，选择的参数为：飞秒激光波长 800 nm，存储介质的折射率为 1.48，普通干燥物镜，物镜数值孔径 $NA = 0.65$，存储深度为 100 μm。从图 4.2(a)可以看出，球差系数随着存储深度 d 的增加而线性增大，并且在 NA 较大的情况下球差系数随存储深度增加而线性增大的斜率较大；从图 4.2(b)可得，当物镜数值孔径增加时，球差也迅速增大，并且在同一深度物镜数值孔径越大球差系数也越大；从图 4.2(c)可以获得，球差系数随着折射率变化的增加而增大。

利用波像差公式(4.2)进行像差求解时，如果使用大数值孔径的物镜，求出的像差与在近轴光线条件下会有一定的不同，不过当存储深度和数值孔径满足一定的条件，由这个造成的误差可以忽略不计。在物镜为大数值孔径的条件下，旁轴光线成像会偏离主轴光线一段距离 l 导致引入散焦像差，在介质不处于倾斜状态时，散焦像差平衡后的球差为：

$$W(m, \theta) = a_1 m^4 + a_p m^2 \qquad (4.14)$$

如果偏离距离 l 与存储深度 d 相当，最大的散焦像差系数为：

$$a_p = -a_1 \qquad (4.15)$$

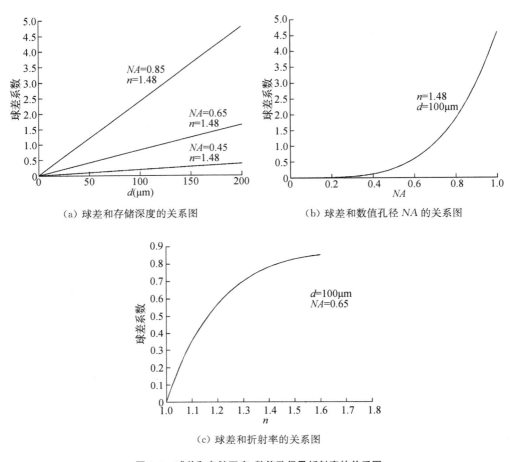

（a）球差和存储深度的关系图　　　　　　（b）球差和数值孔径 NA 的关系图

（c）球差和折射率的关系图

图 4.2　球差和存储深度、数值孔径及折射率的关系图

把上式代入球差公式可得：

$$W(m,\theta)=a_1(m^4-m^2) \tag{4.16}$$

由上式可以看出，平衡过散焦像差后最大球差为：

$$W=a_1/4 \tag{4.17}$$

依照瑞利分辨准则，平衡后的像差需要小于 0.25 λ_0，即 $a_1 < \lambda_0$。

假如 $\lambda_0=0.8\ \mu m$，$n=1.48$，对于一定的存储深度，可以得出在衍射效应的限制下所能采用的最大数值孔径 NA_{max}：

$$NA_{max}=2.04/(d)^{\frac{1}{4}} \tag{4.18}$$

当 $d=100\ \mu m$ 时，$NA_{max}\approx0.65$，在这个数值孔径以下，与近轴光线条件下基本上没有差距。如果存储深度很大，而数值孔径又超过最大数值孔径时，将会导致波像差不满足瑞利分辨准则，从而导致存储点尺寸过大，能量分散，随着存储深度加深存储效果变差,存储点变得模糊,存储密度变小。

当存储介质处于倾斜状态时,假设存储介质倾斜角度为 0.1,模拟激光存储过程中球差、慧差、像散、场曲、畸变随数值孔径、存储深度、折射率变化等参数变化关系,选择的参数跟存储介质处于水平状态时一样,为:飞秒激光波长 800 nm,存储介质的折射率为 1.48,普通干燥物镜,物镜数值孔径 $NA=0.65$,存储深度为 100 μm。从图 4.3(a)可以看出,初级像差系数随着存储深度的增加而线性增大;从图 4.3(b)可得,当物镜数值孔径增加时,初级像差也迅速增大,并且在同一深度物镜数值孔径越大球差系数也越大;从图 4.3(c)可以获得,初级像差系数随着折射率变化的增加而增大。

上面的分析仅为由于折射率失配所产生的各项初级像差对双光子三维存储所产生的影响。在实际的应用中,还有很多因素如介质的反射、散射、吸收等都会对三维光信号强度产生影响。

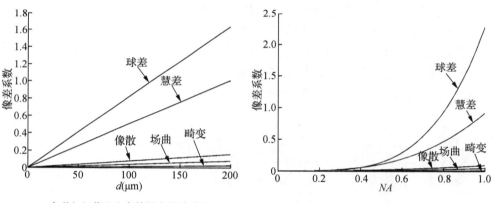

(a) 各种初级像差和存储深度的关系图   (b) 各种初级像差和数值孔径 NA 的关系图

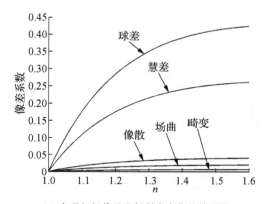

(c) 各种初级像差和折射率变化的关系图

图 4.3 存储介质倾斜状态下

4.2.2　实验研究

针对上述计算模拟与分析,我们在一种光致变色材料中进行了实验研究,将全氟环戊烯溶在 Poly（methyl methacrylate）即 PMMA 溶液中,制备成厚度为 120 μm 左右的透明薄膜作为存储介质,写入时采用自行组建的中心波长 800 nm、重复频率 80 MHz,脉宽 80 fs 的 Ti：Sapphire 飞秒激光器,物镜 $NA＝0.65$,存储介质折射率 1.48,由自行组建的共焦荧光显微镜读出。实验过程中三维平移台处于水平状态,没有发生倾斜,由前面分析可以得出,当存储介质存储过程中没有发生倾斜时像差中除了球差其余各项初级像差均为零。图 4.4 是六层存储点的读出图像,平均写入激光功率为 18 mW,曝光时间为 20 ms,读出功率为 1 mW。信息是在样品表面下 10 μm 处的焦平面上开始存储的,存储点间距离为 5 μm,相邻信息存储层间距为 20 μm。从六层存储图像可以得到距离样品表面越近,存储图像越清晰;六层图像出现的存储点阵不均匀,是由于散射、反射、吸收和材料浓度不均匀等多种情况造成。图 4.5 是读出信号强度与存储深度的关系图。从图中可以看出:存储信息层数越多,存储信息离介质表面的距离就越大,读出信号强度就越弱,相当于球差随着存储深度的增加而增大;读出信号强度随着存储深度的增加呈现出线性下降,这种现象与理论模拟结果基本符合,球差随着存储深度的增大而增加。

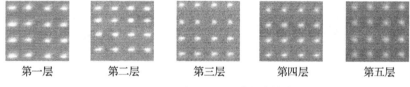

第一层　　　　　第二层　　　　　第三层　　　　　第四层　　　　　第五层　　　　　第六层

图 4.4　六层存储点的读出图像

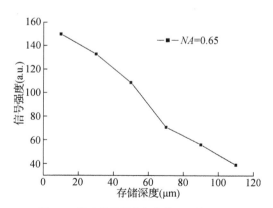

图 4.5　读出信号强度与存储深度的关系图

4.3　三维光存储中折射率失配引起的像差补偿研究

4.3.1　像差补偿理论模拟计算

在双光子三维光信息存储过程中,光束需经过两层不同的介质,即空气和存储材料,空气和存储材料的折射率分别为 n_1 和 n_2,由于两种介质折射率不同,光束会产生一波前偏差函数 $\varphi(d,\rho)$,其中 d 表示存储深度,ρ 表示半径归一化坐标,$\rho=\sin\varphi_1/\sin\alpha$ $=\sin\varphi_2/\sin\gamma$,其中 φ_1、φ_2 分别为存储过程中两种介质分界处的入射角和出射角,α、γ 分别为最大入射角和最大出射角,物镜的数值孔径为 NA,$NA=n_1\sin\alpha=n_2\sin\gamma$。在三维光存储过程中,光束从空气中进入存储介质后需走过一段路径(图 4.6),$\varphi(d,\rho)$ 等于在两种介质中光束经过的光程长度 n_2L_2 和 n_1L_1 之差,即

$$\varphi(d,\rho)=n_2L_2-n_1L_1 \tag{4.19}$$

由图 4.6 几何关系,可以得出:

$$L_2=d/\cos\varphi_2 \tag{4.20}$$

$$L_1=L_2\cos(\varphi_1-\varphi_2) \tag{4.21}$$

根据斯涅耳折射定律,得出:

$$n_1\sin\varphi_1=n_2\sin\varphi_2 \tag{4.22}$$

把式(4.20)、式(4.21)、式(4.22)代入式(4.19),得出:

$$\varphi(d,\rho)=d(n_2\cos\varphi_2-n_1\cos\varphi_1) \tag{4.23}$$

把 $\rho=\sin\varphi_1/\sin\alpha=\sin\varphi_2/\sin\gamma$ 代入式(4.23),可以得出:

$$\varphi(d,\rho)=n_1\,d\sin\alpha\left(\sqrt{\frac{1}{\sin^2\gamma}-\rho^2}-\sqrt{\frac{1}{\sin^2\alpha}-\rho^2}\right) \tag{4.24}$$

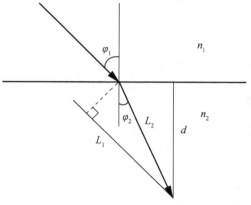

图 4.6　光通过两层介质的聚焦路径

在双光子三维光存储光程中,由于折射率失配产生的球差使得光场的相位改变而导致变形,球差的影响即波前偏差函数可以写入离焦球函数中,离焦瞳函数为:

$$P(\rho,u)=P(\rho)\exp(iu\rho^2/2+ik\varphi(\rho,d)) \tag{4.25}$$

$P(\rho)$为半径归一化的瞳函数,定义为:

$$P(\rho)=1 \quad \rho\leqslant1;P(\rho)=0 \quad \text{其他情况}$$

设 $P(\rho,d)=\exp(ik\varphi(\rho,d))$,此时离焦点扩散函数为:

$$h(v,u,d)=\int_0^1 P(\rho,d)\exp\left(\frac{iu\rho^2}{2}\right)J_0(\rho v)\rho d\rho \tag{4.26}$$

其中,$k=2\pi/\lambda$,λ 表示波长;v、u 分别表示归一化横向坐标和纵向坐标,如下所示:

$$v=\frac{2\pi n_1 r}{\lambda}\sin\alpha \tag{4.27}$$

$$u=\frac{8\pi n_1 z}{\lambda}\sin^2\left(\frac{\alpha}{2}\right) \tag{4.28}$$

其中,r、z 分别表示距离焦点的在横向和纵向的位移。

因此可以得到焦点区域存储点的光强分布为:

$$I(v,u,d)=\left|h(v,u,d)\right|^2 \tag{4.29}$$

在三维存储中折射率失配引起的球差可以采用多种光学方法进行补偿[90-91],各种不同的光学补偿方法都相当于在原有光路中加上一相反的球差,它可以展开为零阶泽尔尼克像差循环多项式[92],如下所示:

$$\varphi(\rho,d)=dn_1\sin\alpha\left(\sum_{n=0}^{\infty}A_{n,0}Z_{n,0}(\rho)\right) \tag{4.30}$$

其中,零阶泽尔尼克多项式和其系数的表达式分别为:

$$Z_{n,0}(\rho)=\sqrt{n+1}\sum_{s=0}^{n/2}\frac{(-1)^s(n-s)!}{s!(n/2-s)!^2}\rho^{n-2s} \quad (n \text{ 为偶数}) \tag{4.31}$$

$$A_{n,0}=B_n(\alpha)-B_n(\beta) \tag{4.32}$$

其中,$B_n(\gamma)$为:

$$B_n(\gamma)=\left[1-\frac{n-1}{n+3}\tan^4\left(\frac{\gamma}{2}\right)\right]\frac{\tan^{n-1}\left(\frac{\gamma}{2}\right)}{2(n-1)\sqrt{n+1}} \tag{4.33}$$

在零阶泽尔尼克多项式中,当 $n=0$、2、4、6 时,$Z_{n,0}(\rho)$如表 4.1 所示:

表 4.1　零阶泽尔尼克多项式

n	$Z_{n,0}(\rho)$
0	1
2	$\sqrt{3}(2\rho^2-1)$
4	$\sqrt{5}(6\rho^4-6\rho^2+1)$
6	$\sqrt{7}(20\rho^6-30\rho^4+126\rho^2-1)$

当 $n=0$ 时,表示一个常数,对点扩散函数不产生影响,即存储点强度不会随它产生变化;$n=2$ 时,表示离焦,会使存储点强度在轴向有一个偏移,对存储点强度大小没有影响;$n=4$ 时,表示存储点强度会受到折射率失配引起的初级球差的影响;$n=6$ 时,表示存储点强度会受到折射率失配引起的二级球差的影响。为了矫正光学存储系统由于折射率失配引起的球差,即需要矫正波前偏差函数,使得瞳函数尽可能达到 1,因此需对光学存储系统加上一个光学补偿系统,相当于在波前偏差函数基础上加上一个反向的泽尔尼克像差多项式组合,如下式所示:

$$\varphi'(\rho,d) = \varphi(\rho,d) - dn_1\sin\alpha\left(\sum_{n=0}^{2N+2}A_{n,0}Z_{n,0}(\rho)\right) \tag{4.34}$$

其中,N 代表球差补偿级数,此时对应的瞳函数变为:

$$P(\rho,d) = \exp(ik\varphi'(\rho,d)) \tag{4.35}$$

当矫正级数 $N=0$ 时,代表在存储系统中没有对折射率失配引起的球差进行矫正,只是对离焦现象进行了矫正;只有当 $N\geqslant1$ 时,才对折射率失配引起的球差进行了补偿矫正,当 $N=1$,矫正了系统中存在的初级球差;当 $N=2$ 时,又矫正了系统中的二级球差;当 $N\geqslant3$ 时,除了需要矫正初级和二级球差外,还需要矫正更高级的球差。

在双光子三维光存储中,对不同的存储介质进行双光子写入,可采用双光子荧光和单光子共焦荧光等不同的读出方式,这两种读出方式下所获得的荧光强度分别为[93,94]:

$$I_{2p-conv}(v,u,d) = I^2\left(\frac{v}{\beta},\frac{u}{\beta},\frac{d}{\beta}\right) \tag{4.36}$$

$$I_{2p-conf}(v,u,d) = I^2\left(\frac{v}{\beta},\frac{u}{\beta},\frac{d}{\beta}\right)I(v,u,d) \tag{4.37}$$

上述两式中 β 意义为:假设荧光波长为 λ 时,用单光子共焦荧光读出方式,单光子激发波长为 $\beta\lambda$;用双光子荧光读出方式,双光子激发波长为 $2\beta\lambda$,β 应小于 1。

模拟双光子三维光存储,对存储材料进行双光子写入,双光子荧光和单光子共焦荧光读出方式时,在折射率失配引起的球差未得到补偿以及初级球差、二级球差分别得到补偿矫正的情况下荧光点强度与存储深度的关系,系统参数为:飞秒激光波长 800 nm,存储介质的折射率为 1.48,普通干燥物镜,物镜数值孔径 $NA=0.65$。从图 4.7(a)可以看出:在折射率失配引起的球差未得到补偿矫正的情况下,存储点强度衰减很快,存储深度在 100 μm 左右存储点强度基本上为零;当折射率失配引起的初级球差得到补偿后,存储点荧光强度随存储深度的变化得到了很大改善,存储深度 500 μm 处,可以恢复到表面信号强度的 78%;当折射率失配引起的二级球差也得到补偿后,存储深度在 1 mm 内存储点强度随着深度的改变基本上没有明显变化。从图 4.7(b)可以看出:在折射率失配引起的球差未得到补偿矫正的情况下,存储点强度衰减很快,存储深度在 200 μm 左右存储点强度基本上为零;当折射率失配引起的初级球差得到补偿后,存储点荧光强度随存储深度的变化得到了改善,存储深度 500 μm 处,可以恢复到表面信号强度的 42%;当折射率失配引起的二级球差也得到补偿后,存储点荧光强度随深度的变化不明显,存储深度在 1 mm 内存储点强度随深度的改变基本上没有明显变化。从图 4.7 可以看出,存储深度 500 μm 内,当初级球差得到补偿的情况下,可以满足三维存储的要求。

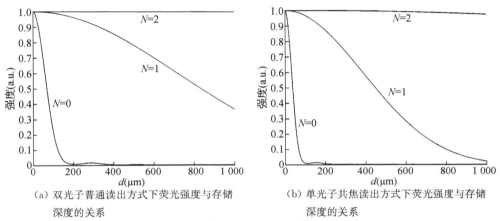

（a）双光子普通读出方式下荧光强度与存储深度的关系　　（b）单光子共焦读出方式下荧光强度与存储深度的关系

图 4.7　荧光强度与存储深度的关系

4.3.2　像差补偿方法研究

在三维光存储读写过程中,由于光路需要经过两层不同的介质(存储介质和空气),从而产生球差,改变焦平面上光强分布,降低光强大小,给存储带来很大的影响。因此需要采取一些像差预补偿方法来减少球差,增强信息点的光强大小,减小信息点的尺寸大小。这些补偿方法有改变物镜的工作长度(即物平面到像平面之间的距离)[95]、开普勒望远镜系统[96,97]、物镜前加入一液晶控制系统(改变相位)[98,99]等。

1)改变物镜工作长度

在物镜前加上一个长焦距的透镜,可以通过改变长焦距透镜的位置来改变物镜的工作长度,从而实现降低球差的目的,可以有效地改善存储效果,使信息点强度随着存储深度的增加而没有明显的降低。

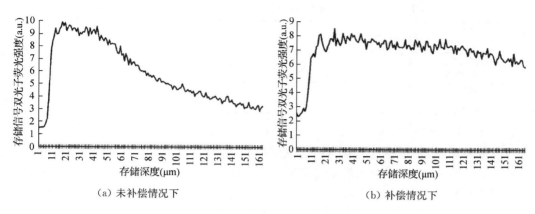

（a）未补偿情况下 　　　　　　　　（b）补偿情况下

图 4.8　补偿前后信息点强度与存储深度的关系

文献[95]中采用了上述方法进行球差补偿,利用光致漂白材料进行存储实验,在补偿后,存储效果得到很好的改善,实验结果如图 4.8 所示,与 4.3.1 中的理论模拟相吻合。

2）开普勒望远镜系统

开普勒望远镜由两个消色差双合透镜和一个特征物镜组成,结构如图 4.9 所示,通过改变两个消色差双合透镜之间的距离 L 来对特定位置的像差进行补偿。

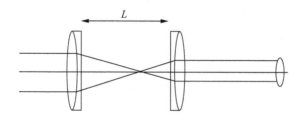

图 4.9　开普勒望远镜系统(通过改变 L 补偿像差)

文献[97]中采用这一补偿方案对初级像差中球差进行了补偿,光强大小获得很大的提高,与 4.3.1 中的理论模拟相符合。实验结果如表 4.2 所示,存储点强度在未补偿情况下下降明显,从深度 0.5 mm 到 2.5 mm,强度下降了 66.1%,而在初级像差(球差)获得补偿情况下,存储点强度基本上没有减小。

表 4.2　在补偿和未补偿两种情况下信息点强度与存储深度的关系

存储深度（mm）	0.5	1.0	1.5	2.0	2.5
补偿后信息点强度（V）	0.72	0.78	0.73	0.72	0.72
未补偿下信息点强度（V）	0.56	0.48	0.32	0.22	0.19

3）加入液晶控制系统

在物镜前加入一液晶模块，通过改变液晶两端的电压来改变光束的相位。根据折射率失配引起的相位，给原光路加上了一相反的相位补偿，具体通过改变两端电压来实现，不同的相位对应不同的电压。

4.4　本章小节

本章主要内容是由于三维光信息存储点在介质的内部，因此在读写过程中激光需要经过两层不同折射率的介质（空气和存储介质），会对像差和存储效果产生很大的影响。首先建立光学存储系统模型，在平行平板条件下，利用波像差函数推导展开，获得五项初级（赛德耳）像差，即球差、慧差、像散、场曲、畸变，从理论和实验上分析系统各项光学参数对折射率失配引起的像差的影响。并采用泽尔尼克多项式对折射率失配引起的像差进行补偿理论研究，并对补偿方法进行了相应的分析。

5 飞秒激光三维光存储超分辨研究

5.1 引言

飞秒激光是 20 世纪后期发展出来的一种新型激光技术,它瞬间功率高,可一次成型进行超精密加工。与传统激光系统相比,它是一种冷加工激光,加工材料在飞秒激光作用下热变形小,可获得亚微米级宽度的直线和点,微米量级的微小部件,已成为微细加工和高密度体信息存储领域的发展方向之一。飞秒激光加工是采用逐点扫描加工方式,其焦点光斑光场的分布直接影响到微器件的加工精度和表面质量、三维信息存储的体密度。由于受到激光束腰及透镜衍射效应的影响,焦斑光场在空间分布呈椭球形。如在三维光致聚合微成型加工中,用高倍物镜(100×,$NA=1.4$)聚焦,焦斑轴向尺寸也约是其横向尺寸的 3 倍[100]。将这样的焦斑应用于加工,就降低了微器件的加工精度,增大体信息存储的层间距,降低了体存储密度。为了提高微器件的加工精度、表面质量和三维体存储密度,保证微器件的装配精度和功能,就有必要对焦斑进行整形,同时实现其轴向和横向超分辨。研究和开发飞秒激光焦斑同时实现轴向和横向超分辨技术具有重要意义,将飞秒激光焦斑同时实现超分辨技术应用到功能微器件加工和高密度三维信息存储具有重要的科学价值和应用前景。

自 Toraldo di Francia 于 1954 年提出超分辨的概念[101]后,人们进行了一系列的相位型和振幅型超分辨元件和方法的研究[102-106],通过模拟证明这些相位型和振幅型元件只能提高焦斑轴向或横向的分辨率,而不能同时实现轴向和横向超分辨。其中日本的 Ya Cheng[102,103]等根据衍射理论设计了一种亚毫米级狭缝进行光束调制,这种方式只能对光束的轴向进行调制,有效地改变了光斑的长宽比(1.6:1)。由于采用振幅调制,能量衰减得非常厉害,采用 200 μm 的狭缝损失能量将超过 90%;意大利的 G. Cerullo[104]等使用圆柱透镜进行加工光束的相位调制,提高 Z 方向的分辨率,并在玻璃中加工出截面是圆的波导。由于使用相位调制,这种方法可以减小能量损耗。

随着微纳加工器件精度的提高和尺寸的缩小及对光束质量要求的不断提高，人们需要对光束的焦斑进行三维整形，同时提高三维分辨率。美国 Rochester 大学的 Tasso[107] 于 1998 年提出用一个二元光学元件——位相板来对光束进行三维整形，并进行了理论模拟。这种位相板可同时提高横向和纵向的分辨率，与传统二元光学元件相比，结构比较简单，相位离散分布，大大降低了制造难度。Martinez-Corral 等[108] 研究了二元环形光瞳的三维超分辨性能，Whiting 等[109] 借助于偏振光的叠加和偏振态的转换实现了三维超分辨，但这两种方法得到的整形后和整形前中心峰值能量之比都较低。至今，关于位相板的制造和性能以及其用于飞秒激光超分辨微加工方面还很少报道。

国内在超分辨技术方面，上海光机所[110-114]、清华大学[115-117]、上海理工大学[118] 和中国科学技术大学[119] 等已进行了深入的研究，并取得了一定的成果。上海光机所设计出复振幅光瞳滤波器可以分别实现焦斑的轴向或横向超分辨，与共焦系统结合后在一定程度上提高了三维分辨率。清华大学课题组针对径向偏振光入射，设计了三维超分辨衍射光学元件[115]。上海理工大学课题组基于严格的光学成像矢量衍射理论，通过详细研究非对称三区复振幅型光瞳滤波器的内外环归一化半径、各环相位分布和第一层透过率对 Y 方向分辨率增益比、斯特尔比和第一旁瓣与主瓣相对强度的影响，设计了一种非对称三区相位型光瞳滤波器[118]。中国科学技术大学课题组完成了三维光存储分辨率的研究，在新型材料中实现了多层光信息存储[119]，完成了折射率失配模型中各项光学参数对折射率失配引起的像差的影响，采用泽尔尼克多项式对折射率失配引起的像差进行补偿研究[120]，并分析了飞秒激光的超衍射原理，对相位型调制的超分辨能力进行分析计算，设计了超分辨相位调制片[121]。经中国学术期刊网检索，利用飞秒激光空间超分辨进行三维微加工的报道较少，说明我国这方面的研究尚处于起步阶段。

综上所述，在实现焦斑空间超分辨方面仍有许多基础理论与技术问题至今尚未解决。如二元光学元件位相板的整形及其同时提高空间分辨率的机理研究以及位相板的优化算法、设计和加工等。在飞秒激光超分辨加工方面，位相板与飞秒激光加工系统集成，实现飞秒激光超分辨焦斑；微器件超分辨加工工艺等，这将直接影响到三维微功能器件的加工精度和功能。至今，利用飞秒激光焦斑空间超分辨技术进行三维微功能器件的加工还未见报道。本章将结合上述问题开展全面研究，这对推进我国在激光微细加工领域中的理论研究和技术进步具有重要的意义。

5.2 飞秒激光三维光存储分辨机理研究

5.2.1 高斯光束轴向超分辨

1）轴向超分辨机理分析

在飞秒激光三维光存储系统中，为了获取较好的沿光轴方向的超衍射效果，在微加工物镜前加上一个位相调制的 Toraldo 型光瞳滤波器（称为位相板）来进行光斑形状和大小调制，如图 5.1 所示。

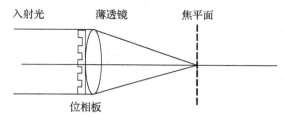

图 5.1 激光微加工系统中加入位相板

按照衍射理论，聚焦光斑的大小由波长、数值孔径、孔径形状决定。但是，即使这些量已经固定，光斑大小仍然可以进一步缩小，以获得超分辨率。如果使用位相板整形光束，可以使聚焦光斑在横向和纵向小于衍射极限。

把位相板放置于物镜前方，可在入瞳处改变入射光的位相大小，从而可减小焦平面处光斑尺寸的目的，利用菲涅尔衍射公式，获得焦平面附近归一化光衍射场的点扩散函数如下所示：

$$U(u) = 2\int_0^1 P(\rho)\exp\left(\frac{iu\rho^2}{2}\right)\rho\,\mathrm{d}\rho \tag{5.1}$$

其中，轴向归一化坐标为 $u = \dfrac{(z-f)NA^2}{2\lambda}$；光瞳函数 $P(\rho)$ 可表示为 $P(\rho) = A(\rho)\exp[i\varphi(\rho)]$；$A(\rho)$ 为振幅透过率；$\exp(i\varphi(\rho))$ 为相位透过率；ρ 为位相板上的坐标。

由于位于焦平面附近，因此可以将上述点扩散函数进行泰勒展开，从而可得到：

$$U(u) = 2\int_0^1 P(\rho)\left(1 + \frac{iu\rho^2}{2} + \frac{\left(\frac{iu\rho^2}{2}\right)^2}{2!} + \cdots\right)\rho\,\mathrm{d}\rho = 2\int_0^1 P(\rho)\left(1 + \frac{iu}{2}\rho^2 + \frac{u^2}{8}\rho^4 + \cdots\right)\rho\,\mathrm{d}\rho \tag{5.2}$$

光瞳函数的 m 阶矩以 I_m 来表征，为：

$$I_m = 2\int_0^1 P(\rho)\rho^{2m+1}\,\mathrm{d}\rho \tag{5.3}$$

由式(5.2)和式(5.3)，可以得到整形后的轴向光强表达式为：

$$I_A(u) = |U(u)|^2 = |I_0|^2 + \mathrm{Im}(I_0 I_1^*)u - \frac{1}{4}\left[\mathrm{Re}(I_0 I_2^*) - |I_1|^2\right]u^2 \tag{5.4}$$

为了表征强度分布，可采用三个基本量来描述位相板的整形结果：纵向增益 G_A、峰值能量比 S 和旁瓣能量 M_A。其中，G_A 定义为整形后和整形前轴向的光斑尺寸之比；S 定义为整形后和整形前中心峰值能量之比；M_A 定义为整形过后除去中心光强外的最大旁瓣光强与中心峰值强度之比。

峰值能量比 S、纵向增益 G_A 可用下面表达式来定义（a 表示加位相板以后的值，c 表示未加位相板时候的值）：

$$S = \frac{(I_{\max})_a}{(I_{\max})_c}, G_A = \frac{(u_1)_a}{(u_1)_c}$$

对光强分布函数(5.4)求导可得

$$\frac{\partial I}{\partial u} = -\mathrm{Im}(I_0 I_1^*) - \frac{1}{2}\left[\mathrm{Re}(I_0 I_2^*) - |I_1|^2\right]u = 0 \tag{5.5}$$

对表达式(5.5)进行简化，从而获得光斑峰值位置为：

$$u_F = -\frac{2\mathrm{Im}(I_0 I_1^*)}{\mathrm{Re}(I_0 I_2^*) - |I_1|^2} \tag{5.6}$$

u_F 为离焦量，即为偏移焦平面的位移量。

因此沿光轴方向的强度分布的峰值能量比 S 为：

$$S = |I_0|^2 - \mathrm{Im}(I_0 I_1^*)u_F \tag{5.7}$$

焦斑尺寸 G_A 为：

$$G_A = \sqrt{\frac{S}{12\left[\mathrm{Re}(I_0 I_2^*) - |I_1|^2\right]}} \tag{5.8}$$

峰值能量比 S、纵向增益 G_A 都是位相板设计的重要参考指标。通过这些参数的优化设计，可以获得较理想的参考模型。

要获得理想的结果，设计位相板还必须考虑焦斑的大小、峰值能量比 S 和旁瓣能量 M_A 等，并需要确定在满足约束条件下，对相应的参数进行优化，因此优化问题可以表述为：

$$\mathrm{Min}\quad G_A$$

需满足约束：
$$S > a (a \text{ 为可以接受的最小强度值）;}$$
$$0 < \rho_1 < \cdots < \rho_{n-1} < 1;$$
$$0 < \varphi_1 < \cdots < \varphi_{n-1} < \pi;$$

2）轴向超分辨设计及仿真

位相板的性能取决于环带数量、每个环的半径和相位。设计位相板过程中必须要兼顾光斑尺寸、峰值能量比和旁瓣能量等，并且需要在满足上述约束条件的情况下找到一组最佳的优化参数，因此采用遗传算法来获取位相板参数。遗传算法在适应度函数选择不当的情况下有可能收敛于局部最优，而不能达到全局最优，因此这里采用全局优化算法[112]与遗传算法相结合来获得最优解。

通过在优化过程中调整遗传算法的交叉率、变异率以及约束条件，采用Matlab 工具得到一种 $0-\pi$ 结构和另一种非 $0-\pi$ 结构的位相板设计方案，如表 5.1 所示。两种位相板调制后的轴向光强分布和横向光强分布分别如图 5.2、图 5.3 所示。对这两种方案进行比较，从两种位相板的衍射效果来看，非 $0-\pi$ 结构的设计方案 1 比 $0-\pi$ 结构的设计方案 2 具有更高一些的峰值能量比和更小的旁瓣能量，但光斑纵向尺寸压缩效果基本一致，艾利斑压缩 $G_A \approx 0.75$，即光斑纵向大小可压缩至艾丽斑的 75%，而横向尺寸基本保持不变。从图 5.2、图 5.3 可以看出，纵向旁瓣能量比横向旁瓣能量要大得多，并且当位相板设计参数发生微量改变时，纵向旁瓣能量也更会产生较大的波动。虽然在纵向会产生比较大的旁瓣，然而在飞秒激光微细加工系统中，由于存在双光子吸收效应，并且双光子吸收是一种非线性效应，这可以很好地抑制纵向位相板的旁瓣副作用。

表 5.1　优化设计参数和表征参数

设计方案	G_A	S	M_A	u_F	r_1	r_2	r_3	φ_1	φ_2	φ_3	φ_4
1	0.76	0.39	0.64	0	0.15	0.70	0.81	0	π	0	π
2	0.75	0.42	0.41	0.13	0.25	0.498	0.652	2.879	3.087	0	3.012

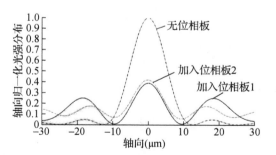

图 5.2　沿光轴方向超衍射光斑与艾利斑的光强分布

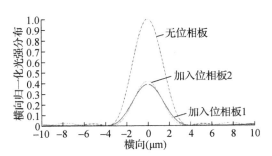

图 5.3 沿横向超衍射光斑与艾利斑的光强分布

5.2.2 横向超分辨机理

本部分介绍一种通过在薄透镜前加上位相板来进行光学调制获得更好的横向分辨率的方法,详细分析了二环 $0-\pi$ 位相板和 $0-0.6\pi$ 位相板在薄透镜焦平面的横向调制情况以及二环 $0-0.6\pi$ 位相板离焦量的存在对调制效果的影响。利用设计公式设计了一种具有较好调制效果的横向位相板,分析了在高斯光束入射情况下,这个位相板调制效果的变化情况。

1)横向调制位相板的设计方法

位相板通过在入瞳处改变入射光的位相达到改变焦平面处光斑尺寸的目的。焦平面处归一化光衍射场的点扩散函数(PSF)为:

$$U(v) = 2\int_0^1 P(\rho) J_0(v\rho)\rho \mathrm{d}\rho \tag{5.9}$$

对零阶贝塞尔函数进行泰勒展开,可得:

$$
\begin{aligned}
U(v) &= 2\int_0^1 \exp[i\varphi(\rho)]\left(1 - \left(\frac{v\rho}{2}\right)^2 + \cdots\right)\rho \mathrm{d}\rho \\
&= 2\int_0^1 \exp[i\varphi(\rho)]\rho \mathrm{d}\rho - \frac{v^2}{4}2\int_0^1 \exp[i\varphi(\rho)]\rho^3 \mathrm{d}\rho + \cdots
\end{aligned}
\tag{5.10}
$$

令 I_m 为光瞳函数的 m 阶矩:

$$I_m = 2\int_0^1 P(\rho)\rho^{2m+1}\mathrm{d}\rho$$

则式(5.10)可以表示为:

$$U(v) = I_0 - \frac{v^2}{4}I_2 + \cdots \tag{5.11}$$

焦平面上光强分布为:

$$I(v) = |U(v)|^2 = |I_0|^2 - \frac{v^2}{2}\mathrm{Re}(I_0 I_1^*) + \cdots \tag{5.12}$$

从公式(5.12)可以看出,调制后的光强分布对称于 $v=0$ 分布。

这里用三个基本量(每个量进行艾利斑归一化)来表征光学系统的光学特性:沿光轴方向焦斑尺寸度 G_A 度量系统分辨率,定义为超分辨强度分布距离主极大第一个最小值之间的距离与艾利斑直径之比;峰值能量比 S 代表点扩散函数中心最大光强与艾利斑强度之比,可以很好地描述峰值能量的高低;旁瓣能量 M_A,定义为除去中心光强外的最大旁瓣光强与中心峰值强度之比。

峰值位置是:

$$u_F = -\frac{2\mathrm{Im}(I_0 I_1^*)}{\mathrm{Re}(I_0 I_2^*) - |I_1|^2} \tag{5.13}$$

式中,u_F 为离焦量。

沿光轴方向强度分布的峰值能量比为

$$S = |I_0|^2 - \mathrm{Im}(I_0 I_1^*)u_F \tag{5.14}$$

我们可以通过控制调制后的离焦量 u_F,使系统焦平面与薄透镜焦平面近似重合。此时,轴向调制后的峰值能量比 S 即为横向调制后的峰值能量比。将式(5.14)代入对 v 二次近似后的式(5.12),我们可以得到横向焦斑尺寸 G_T 为:

$$G_T = \sqrt{\frac{S}{2[\mathrm{Re}(I_0 I_1^*) - u_F \mathrm{Im}(I_2 I_0^*)]}} \tag{5.15}$$

我们同样无法获得旁瓣能量 M_T 的表达式。

横向光斑调制的优化问题表达为:

$$\mathrm{Min} \quad G_T$$

需满足约束:

$$u_F < a(a \text{ 为一个可以满足误差要求的小量)};$$
$$S > b \quad (b \text{ 为可以接受的最小强度值)};$$
$$0 < \rho_1 < \cdots < \rho_{n-1} < 1;$$
$$0 < \varphi_1, \cdots, \varphi_{n-1} < \pi 。$$

我们仍然采用遗传算法进行计算[40]。

2)0—π 结构位相板与复透过率位相板

在这一部分我们仍是以最简单的二环位相板为例。首先分析了薄透镜焦平面处 0—π 结构位相板与非 0—π 结构位相板的调制情况。在前面轴向调制的分析中,我们发现非 0—π 结构位相板调制的轴向焦斑出现了离焦现象,我们定义偏移后的焦平面与薄透镜焦平面的距离为离焦量 u_F。然后我们通过非 0—π 结构的位相板分析了离焦量对光斑调制的影响。

图 5.4(c)为能量 M_T 随第一个环半径 ρ 的变化情况：实线为 $0-\pi$ 结构，虚线为 $0-0.6\pi$ 结构。

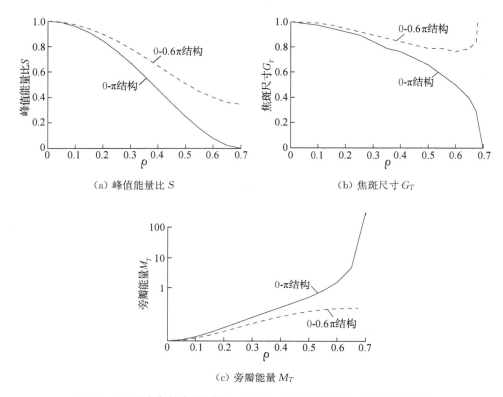

（a）峰值能量比 S　　　　　　　　（b）焦斑尺寸 G_T

（c）旁瓣能量 M_T

图 5.4　二环位相板的峰值能量比、焦斑尺寸、旁瓣能量与第一个环半径的关系

对于 $0-\pi$ 结构，我们认为横向调制的焦平面与系统的焦平面重合。在焦平面上，峰值能量比 S 和焦斑尺寸 G_T 在理论上都可以变零（图 5.4(a)和(b)）；但是考虑到旁瓣能量 M_T，当 $\rho > 5.6$ 以后，旁瓣能量会比焦平面上主瓣能量还要大，此时横向焦斑压缩变得没有意义，焦平面上的光斑实际上分为两个。此外，通过前面二环位相板轴向光斑调制分析，我们知道在 $\rho > 4.8$ 的时候，轴向光斑分为两个，实际应用中是将轴向光斑能量最大处作为焦平面的，此时也可以认为焦平面偏离了薄透镜焦平面（注意对于 $0-\pi$ 结构位相板这个系统焦平面有两个），出现了离焦现象。按照有效调制范围为 $0 < \rho < 4.8$ 算，二环 $0-\pi$ 位相板的光斑尺寸 G_T 最小可以达到 0.68，此时峰值能量比 S 约为 0.29，旁瓣能量小于 1。

对于 $0-0.6\pi$ 结构，从图 5.4 可以看到，焦斑尺寸变化范围 G_T 比 $0-\pi$ 位相板小，峰值能量比 S 相对大一些，旁瓣能量相对较小些。

比较 $0-\pi$ 结构和 $0-0.6\pi$ 结构的二环位相板，对于相同的焦斑尺寸 G_T，$0-\pi$

结构位相板的峰值能量比 S 和旁瓣能量 M_T 略高于 $0-0.6\pi$ 结构位相板。T. R. M. Sales 进行了 $0-\pi$ 结构与 $0-0.9\pi$、$0-0.8\pi$ 二环位相板的焦斑尺寸 G_T、峰值能量比 S、旁瓣能量 M_T 的比较，也有类似的结论[135]。经过这些比较我们发现，对于横向光斑调制，使用二环非 $0-\pi$ 结构的位相板，峰值能量比 S 和旁瓣能量 M_T 有更多选择，横向调制的有效效果差不多。

Tasso. R. M. Sales 通过对菲涅尔衍射公式的另外一种形式近似推导了横向光斑调制位相板的设计公式。在他的近似假设下，对多环的位相板，峰值能量比 S 固定时，复位相透过率位相板能够获得更小的光斑尺寸。他的讨论是建立在将薄透镜焦平面与系统的焦平面重合的假设上的，考虑到两个焦平面很多时候并不重合，这种假设存在误差。但是，多了位相作为变量，在多环情况下也可能获得比 $0-\pi$ 结构位相板更好的调制结果。

上面我们对于 $0-0.6\pi$ 结构位相板的峰值能量比 S、焦斑尺寸 G_T、旁瓣能量 M_T 的讨论是在薄透镜焦平面上，而实际上，我们在实际应用中，不管加不加位相板，我们都是对准在系统的焦平面上。对于 $0-0.6\pi$ 结构的位相板，随着第一个环半径的变化，系统焦平面相对于薄透镜焦平面的离焦量也是变化的，如图 5.5 所示。

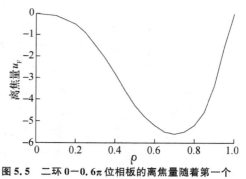

图 5.5 二环 $0-0.6\pi$ 位相板的离焦量随着第一个环半径 ρ 的变化曲线

当 $\rho = \sqrt{2}/2$ 时，离焦量达到最大值，约为 5.6。下面我们分析随着离焦量在从 0 变为 -5.6 时，系统焦平面上的峰值能量比 S、焦斑尺寸 G_T、旁瓣能量 M_T（图 5.6）。

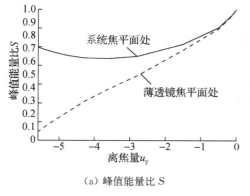

（a）峰值能量比 S

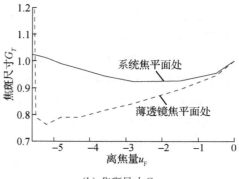

（b）焦斑尺寸 G_T

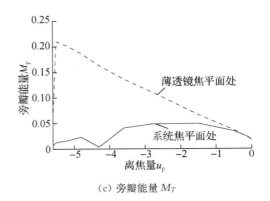

（c）旁瓣能量 M_T

图 5.6　二环 0—0.6π 位相板的能量 M_T 随离焦量 u_F 的变化情况

实线为系统焦平面，虚线为薄透镜焦平面

　　随着离焦量 u_F 增大，在系统焦平面处，峰值能量比 S、焦斑尺寸 G_T 都比薄透镜焦平面处要增大，而旁瓣能量 M_T 则要减小，这使得二环非 0—π 位相板的调制效果进一步变差。对于横向调制，如果采用复透过率位相板，我们设计的位相板的离焦量 u_F 不能过大，最好控制在薄透镜的焦平面附近。

　　由于离焦量 u_F 的存在，我们设计横向调制位相板时，要注意在设计系统焦平面是否已经偏离薄透镜焦平面处；如果产生偏离，实际上是达不到所要求的设计结果的。设计复振幅透过率位相板时，按照推导的公式离焦量 u_F 是可以控制的；0—π 结构位相板设计公式中认为薄透镜焦平面与系统焦平面始终相同，出现离焦量现象时不能够察觉，故应该检测此时的轴向光斑分布。

3）横向超分辨设计实例

　　为了实现飞秒激光三维光存储中横向超分辨，采用 0—π 结构的四环位相板，这种位相板由若干环带组成，每个环带的相位依次为 0、π、0、π。采用遗传算法与全局优化算法相结合依照横向光斑优化约束条件设计了一种 0—π 结构的四环位相板横向调制位相板。位相板三个归一化半径分别为 $r_1=0.16$，$r_2=0.27$，$r_3=0.49$，获得的峰值能量比 S、焦斑尺寸 G_T、旁瓣能量 M_T 分别为 0.38、0.74、0.20。调制前后的横向光强分布如图 5.7 所示。而光斑轴向强度分布如图 5.8 所示，从图中可以看出，这种超衍射位相板对横向光斑进行压缩的同时对纵向光斑效果甚微，甚至纵向光斑还有所变大，这种位相板最好应用于对横向光斑大小要求较高而对纵向光斑大小要求较小的应用领域。

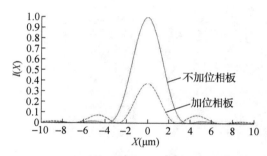

图 5.7　调制光斑与艾利斑的光强横向分布比较

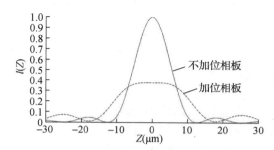

图 5.8　纵向调制光斑与艾利斑的光强分布比较

4) 横向超分辨实验

根据上述理论分析,基于自行搭建的飞秒激光三维光存储和微加工系统,飞秒激光参数如下所示:中心波长 800 nm,重复频率 80 MHz,脉宽 80 fs,加工物镜 $NA=0.65$,对一种光致变色材料进行位相板加入前后的对比实验。图 5.9(a)是激光微加工系统未加入超分辨位相板的情况下,加工深度为 10 μm 时加工点的横向读出图像,平均写入激光功率为 25 mW,曝光时间为 30 ms,读出功率为 5 mW,加工点尺寸大小为 1.4 μm。图 5.9(b)是在激光微加工系统中加入上面设计的超分辨位相板后,加工深度为 10 μm 时加工点的横向读出图像,平均写入激光功率为 25 mW,曝光时间为 30 ms,读出功率为 5 mW,加工点尺寸大小为 1.1 μm。从图中可以看出:激光微加工系统中加入超分辨位相板后,加工点尺寸明显变小,横向光斑压缩比例与理论计算结果近似。说明理论模拟结果与实验现象完全吻合。从实验中可以看出,通过加入相位调制板,可以获得更小的加工点尺寸,在加工复杂零部件时,由于调制后的光斑尺寸更小,因此加工零件可以拥有更加紧密的扫描排布,从而可以提高加工精度和加工质量。

　（a）未加位相板　　　　　　　　　　　（b）加上位相板

图 5.9　激光微加工系统中位相板加入前后光斑尺寸对比

5.2.3　三维超分辨

1）三维整形位相板的参数优化与数值模拟

　　在分别对飞秒激光微加工光焦斑进行横向和轴向整形研究的基础上，通过控制光斑的轴向增益 G_A，同时约束离焦量 u_F、峰值能量比 S 和横向增益 G_T，就可以在横向和轴向同时实现光斑的三维整形。其优化问题可以表达 Min G_A，同时满足约束条件：$u_F < \delta$（δ 为可以满足误差要求的微小量），$S > \varepsilon$（ε 为可以接受的最小强度），$G_T < \sigma$，$0 < \rho_1 < \cdots < \rho_{n-1} < 1$、$0 < \varphi_1 < \cdots < \varphi_{n-1} < \pi$。通过优化设计得到的一种四环复透过率位相板的三个半径分别为 $r_1 = 0.335$、$r_2 = 0.481$、$r_3 = 0.662$，四个环位相透过率分别为 $\varphi_1 = 3.031$、$\varphi_2 = 3.135$、$\varphi_3 = 0$、$\varphi_4 = 2.992$。光斑横向和轴向增益 G_T、G_A 分别为 0.77、0.68，峰值能量比 S 为 0.36，旁瓣能量 M_T、M_A 分别为 0.28、0.62，离焦量 u_F 为 -0.08，可以认为系统焦平面与薄透镜焦平面基本重合。激光束整形前后的光强分布如图 5.10 所示。

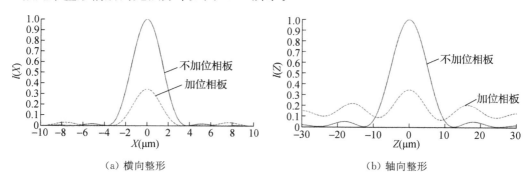

　　　（a）横向整形　　　　　　　　　　　　（b）轴向整形

图 5.10　采用三维调制位相板整形前后光强分布比较

数值模拟结果表明,这种四环复透过率位相板通过改变入瞳处入射光的位相对激光束进行光学调制,能够突破衍射极限,使焦平面处光斑轴向和横向尺寸进一步缩小,实现光斑三维整形。

2) 光斑三维整形实验

根据上述理论研究、参数优化及数值模拟的结论,制作了四环复透过率位相板,以飞秒激光在一种光致变色材料薄膜上逐层进行点加工为例进行了验证实验。实验中建立了共焦/双光子扫描显微镜系统,实验系统示意图如图5.11所示。

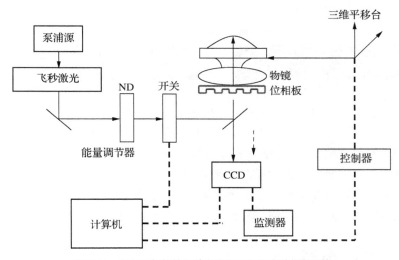

图 5.11　加入位相板的飞秒激光微加工及实时监测系统

掺钛蓝宝石(Ti：Sapphire)激光器为光源,脉冲激光的中心波长为 800 nm、脉宽为 80 fs、重复频率为 80 MHz,物镜的数值孔径为 0.65,平均写入激光功率为 25 mW,曝光时间为 30 ms,读出功率为 5 mW,加工深度为 10 μm,采用单光子共焦方式读取每层变色点荧光信号。未加入位相板时,加工点横向和轴向读出图像如图 5.12(a)、图 5.13(a)所示,此时加工点横向光斑尺寸大小为 1.4 μm,轴向光斑大小为 5.8 μm。加入位相板进行光斑整形后,加工点横向和轴向读出图像如图 5.12(b)、5.13(b)所示,此时加工点横向光斑尺寸大小为 1.1 μm,轴向光斑大小为4.5 μm。

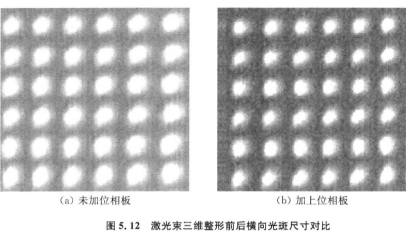

(a) 未加位相板　　　　　　　　　　　(b) 加上位相板

图 5.12　激光束三维整形前后横向光斑尺寸对比

(a) 未加位相板　　　　　　　　　　　(b) 加上位相板

图 5.13　激光束三维整形前后轴向光斑尺寸对比

由图 5.12、图 5.13 可以看出,加入位相板对激光束进行三维整形后,加工点横向和轴向光斑尺寸明显变小,横向和轴向光斑的实际增益分别为 0.77、0.68,这与理论计算结果基本吻合。实验结果表明,使用经过优化设计的四环复透过率位相板能够在不过多增加系统的复杂性和成本的情况下,仅在光瞳处合理调制光波的位相分布,就可以使焦平面处光斑尺寸进一步缩小,达到超分辨率加工的目的。

5.3　本章小节

本章研究内容主要为以下几个方面:

(1) 为了提高三维光存储容量和激光微加工质量,对激光焦斑进行整形,采用菲涅尔衍射公式进行了理论分析,基于遗传算法和设计约束条件通过 Matlab 设计了两种二元相位元件,$0-\pi$ 结构四环位相板的归一化半径尺寸为 $r_1 = 0.15$、$r_2 = 0.70$、$r_3 = 0.81$,非 $0-\pi$ 结构四环位相板的归一化半径尺寸为 $r_1 = 0.25$、$r_2 = 0.498$、$r_3 = 0.652$,从内到外各环对应的相位为 2.879、3.087、0、3.012,采用这两种位相板调制后的纵向光斑大小可压缩至艾利斑的 76% 和 75%,峰值能量比分别为 0.39 和 0.42,旁瓣能量分别为 0.64 和 0.41,这两种位相板均可应用于飞秒激光微加工和三维光存储。

(2) 利用激光束空间整形技术对激光束聚焦光斑进行调制,基于横向超衍射理论和优化算法进行了研究和分析,完成了一种 $0-\pi$ 结构四环横向位相板的设计。此位相板归一化半径为 $r_1=0.16$、$r_2=0.27$、$r_3=0.49$，获得的峰值能量 S、焦斑尺寸 G_T、旁瓣能量 M_T 分别为 0.38、0.74、0.20。并且基于此位相板在激光微加工系统中进行了一种光致变色材料的位相板加入前后的对比加工实验。实验结果表明，在飞秒激光三维光存储和微加工系统中使用这种位相板可以有效地减小加工点的尺寸大小。

（3）基于菲涅尔衍射理论，建立了激光束三维整形的数学模型，运用全局优化算法与遗传算法设计了一种能够同时在横向和轴向实现三维整形的四环复透过率位相板，位相板半径分别为 $r_1=0.335$、$r_2=0.481$、$r_3=0.662$，环位相透过率分别为 $\varphi_1=3.031$、$\varphi_2=3.135$、$\varphi_3=0$、$\varphi_4=2.992$。数值模拟结果表明，整形后焦斑横向和轴向增益分别为 0.77 和 0.68，峰值能量比为 0.36、横向和轴向旁瓣能量分别为 0.28 和 0.62，离焦量为 -0.08。搭建了共焦/双光子扫描显微镜系统，以飞秒激光在光致变色材料薄膜上的点加工为例进行了验证实验，对设计的位相板的三维整形性能进行了分析。理论与实验研究的结论对提高激光三维光存储容量，提高激光微加工分辨率，改善微器件的加工精度和表面质量，保证其装配精度和功能具有良好的现实意义。

6 飞秒激光三维光存储实验研究

6.1 引言

目前市场上传统的二维光盘由于受到光学衍射的限制,其信息点的大小已经达到极限,因而其存储密度也就达到了极限。为突破这一极限,人们正在努力发展短波长的小型激光器和更大数值孔径的物镜。如果激光的波长减少一半,激光光斑的半径将减小一半,面存储密度将增加 4 倍,而所使用激光的波长又受到光学元件的限制而不能无限制减小;增加数值孔径的大小会使得光头工作距离变小,会给聚焦循道伺服控制造成比较大的困难。因此上述两种方法使得存储密度提高有限。另外一些提高存储密度的方法,如绪论中所提到的光谱烧孔[122]、体全息存储[21]以及近场光学存储[1-2]等也被广泛研究,在实用化过程中遇到的阻力比较大。另外一种被广泛研究的方法是双光子三维高密光学信息存储[29,123-126],相对于二维平面的光学信息存储,三维存储增加了轴向的一维,能够实现多层信息存储,因而存储容量大大提高。

由于双光子写入过程的非线性,双光子吸收仅发生在焦点附近 λ^3 的范围内,因此在较高的存储密度下不会对邻层产生干扰。目前用于双光子三维光学高密信息存储的材料主要为光致漂白材料、光致变色材料、光致折变材料以及一些透明材料(如玻璃、PMMA 膜)等。在光折变材料中进行存储时,由于双光子吸收导致光聚合反应,使材料的折射率发生变化,因此信息可以记录在材料中。由于折射率的变化较小(通常情况下为 0.02~0.08),因此读出时通常需要较复杂的干涉对比或相衬显微镜,读出信号的信噪比也较低。虽然 Min Gu 等从理论和实验上证实了用反射式的共焦显微镜也能够读出光折变信息,但这需要仔细地选择光学参数,如物镜的数值孔径和读出光的波长等[39]。而光致漂白材料、光致变色材料以及一些微爆材料是目前最被广泛研究的几类材料。双光子吸收在一些透明材料中产生的微爆炸也被用于三维光学信息存储中。微爆炸后信息点中心为空心结构,折射率对比非常大,因此用普通的透射式显微镜就能清晰地读出信息点的图像。双光子光致漂白材料和光致变色材料均可以采用共焦荧光的方式读写,读写机构相对比较简单可行。因此,对光致漂白、微爆等材料进行存储性能实验研究具有重要的意义。

6.2 光致漂白材料的双光子存储性能实验研究

掺杂荧光染料的聚合物,在紫外光的激发下会辐射荧光。在低强度的光激发下,辐射的荧光强度与入射光强度的平方成正比。在高强度光激发下,激发点的染料会被漂白,得到一个漂白点,漂白点不再辐射荧光。因此,漂白点和未漂白点可用来记录数据,这种三维光存储方式采用的记录光(强光)和读出光(弱光)具有相同的波长。

双光子光致漂白反应是记录态吸收两个光子,转变为读出态,两个光子既可以是等能量的光子,也可以是不等能量的光子。任何一个光子都可以穿透存储介质(记录态)而不被吸收,只有当两个光子聚焦于一点,双光子能量共振叠加时才会导致光致漂白反应发生(转变为读出态),从而将信息存储在聚焦点处。读出时使用较弱强度的双光子激光对存储介质进行扫描,被记录信息的分子在激光的照射下不会发出荧光,而未被记录的分子则会发出荧光,因此通过检测读出光照射下介质的荧光效应就可以读出被存储的信息。

6.2.1 二苯乙烯衍生物存储实验研究

1)二苯乙烯衍生物性质

中国科学技术大学高分子材料及工程系制备的光致漂白材料二苯乙烯衍生物,分子结构式如图 6.1(a)所示。在实验中,将二苯乙烯衍生物溶在 Poly(methyl methacrylate)即 PMMA 溶液中(重量比为 1:50),通过涂膜方式制备成厚度为 120 μm 左右的透明薄膜作为存储介质。二苯乙烯衍生物(记录态)在 400 nm 紫外光照射下(单光子吸收)转变为闭环体。图 6.1(b)为存储介质受紫外光激发前(记录态)和激发后(读出态)的吸收光谱,从图中可以看出:存储介质(记录态)对 400 nm 波长的紫外光有吸收,而对 800 nm 波长的红外光没有吸收,可以用 800 nm 激光作为写入光源进行双光子吸收三维光存储。图 6.1(c)为存储介质受紫外光激发前和激发后的荧光谱,从图中可以看出存储介质在紫外光照射前后荧光强度具有较大的对比度,便于存储信息的读出。

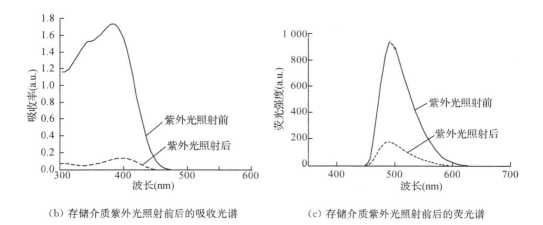

（a）存储介质的分子结构

（b）存储介质紫外光照射前后的吸收光谱　　　　（c）存储介质紫外光照射前后的荧光谱

图 6.1　存储介质的分子结构、紫外光照射前后的吸收光谱及荧光谱

2）存储系统

单光束双光子三维光存储及读取系统如图 6.2 所示。二极管固体激光器输出 532 nm 的连续光作为 Ti：Sapphire（掺钛蓝宝石）激光器的泵浦源，Ti：Sapphire 激光器作为双光子写入和读出光源，其中心波长为 800 nm，脉宽为 80 fs，重复频率为 80 MHz。当系统进行存储实验时，800 nm 脉冲激光经过滤色、衰减和准直扩束后，由 DVD 光头（$NA=0.60$）聚焦在存储介质上，写入光功率为 17.4 mW，PZT 扫描台在计算机的控制下，使存储介质在 XY 平面进行扫描式移动，DVD 光头在音圈电机控制下在 Z 向移动，实现双光子三维光信息存储。当系统进行读取实验时，800 nm 脉冲激光经过滤色、衰减和准直扩束后，通过二向色镜由物镜聚焦于存储介质上进行扫描，读出光功率为 2.4 mW，来自存储点的荧光返回扫描光学系统，经分色镜、小孔光阑进入光电倍增管，光电倍增管信号经计算机采样处理后提供灰度值可在监视器上逐点产生图像。这种读出方式是反射式共焦扫描读出方式，具有简单的光学系统和高的轴向分辨率，能够减少存储层间的串扰和消除由存储介质和衬底的不均匀性带来的背景影响。

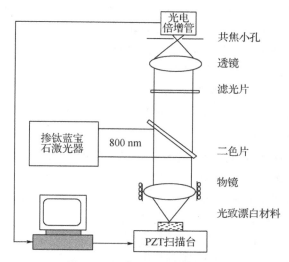

图 6.2　双光子三维存储与读取系统

3）存储实验结果

图 6.3 为二苯乙烯衍生物光致漂白材料在三维存储和读取系统中所读出的三层数据结果。点间距为 4 μm，层间距为 15 μm。数据点采用二进制方式写入，每层中存储 32 个数据点，用来表示 8 个 4 位二进制数。图中在 X 向和 Y 向分别有一行作为标定行，用于读取识别时的定位。

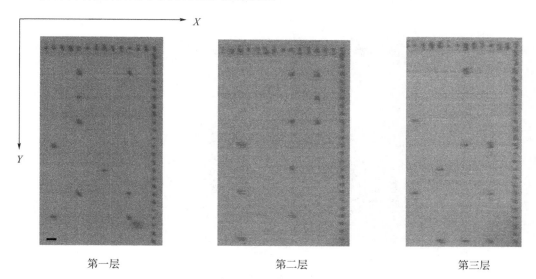

第一层　　　　　　　　　　第二层　　　　　　　　　　第三层

图 6.3　三维多层存储数据读出，点间距为 4 μm，层间距为 15 μm

第一层数据代表汉字"中国",对应的区位码为:5448,2590,相应的二进制码为:0101,0100,0100,1000,0010,0101,1001,0000。

第二层数据代表汉字"科技",对应的区位码为:3138,2828,相应的二进制码为:0011,0001,0011,1000,0010,1000,0010,1000。

第三层数据代表汉字"大学",对应的区位码为:2083,4907,相应的二进制码为:0010,0000,1000,0011,0100,1001,0000,0111。

4)实验结果分析

二苯乙烯衍生物光致漂白材料在双光子激发前的荧光强度比激发后强,图6.4表示三层数据的荧光强度反向分布。图6.5(a)、(b)、(c)分别为第一层、第二层、第三层数据标定行的荧光强度分布,图6.6(a)~(h)分别代表第二层数据第一行至第八行的荧光强度分布,标定行和数据行通过 Matlab 分析获得,其中行荧光强度均值最小的为标定行,并且通过相关系数方面的算法可以获得数据行的具体信息。从图中可以看出,有信息写入点的地方与没有信息写入点的地方有很强的对比度,数据写入点的荧光强度比没有写入点的荧光强度弱。

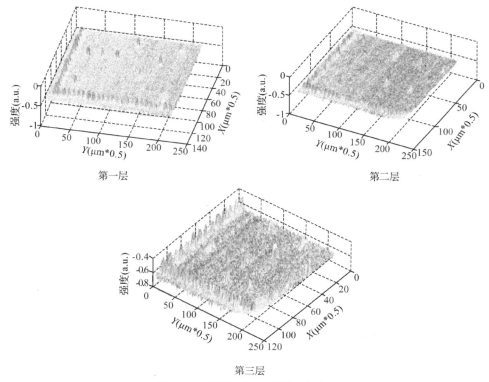

第一层

第二层

第三层

图 6.4　三层数据的荧光强度反向分布

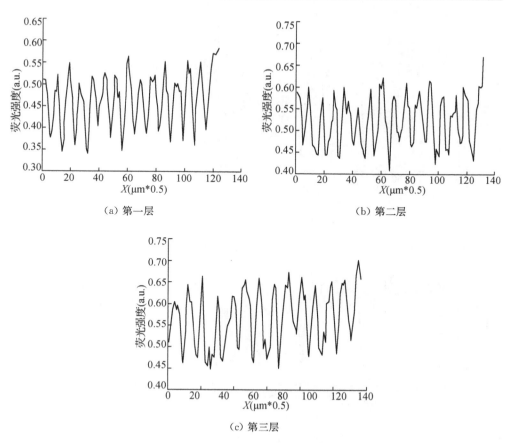

（a）第一层　　　　　　　　　　（b）第二层

（c）第三层

图 6.5　三层数据标定行荧光强度分布

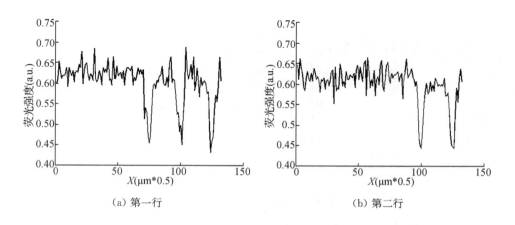

（a）第一行　　　　　　　　　　（b）第二行

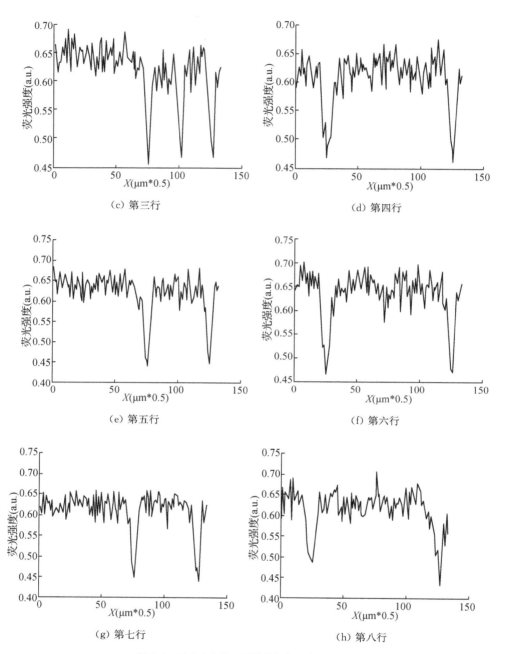

（c）第三行　　　　　　　　　　　　　　（d）第四行

（e）第五行　　　　　　　　　　　　　　（f）第六行

（g）第七行　　　　　　　　　　　　　　（h）第八行

图 6.6　图 6.3 中第二层数据行各行荧光强度分布

　　数据信号通过 Matlab 读出，首先得到标准行与标准列的数据，然后以它们为标准获得相应数据行的分布，最后通过对数据行信息进行分析，可以获得与写入信息一致的结果。图 6.7 中所示为读出的数据信号通过算法识别出的三层数据显示的记录点阵,识别结果与写入信息完全一致。

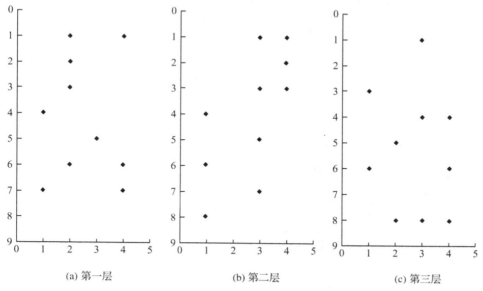

图 6.7　三层数据的记录点阵

5）实验结果讨论

从二苯乙烯衍生物的三层实验结果可以看出,随着存储深度加大,信息点的尺寸大小变大,信息点荧光强度变小,这个与折射率失配有较大的关系,从第三章分析可看出,需采取相应的像差补偿方法对其进行改进,但图 6.3 实验结果均是在存储深度小于 100 μm 范围内获得,点强度大小降低相对较小,在存储深度小于 100 μm 时补偿效果没有大于 100 μm 时明显;对三维光存储过程中,光路比较复杂,实验室设备改进有很大的困难,因此对其没有采取补偿方法对像差进行校正。

6.2.2　芴类衍生物

上海光机所制备的光致漂白芴类衍生物分子结构式如图 6.8（a）所示。在实验中,将芴类衍生物溶在 Poly（methyl methacrylate）即 PMMA 溶液中（重量比为1：50）,通过涂膜方式制备成厚度为 120 μm 左右的透明薄膜作为存储介质。芴类衍生物（记录态）在 400 nm 紫外光照射下（单光子吸收）发生漂白现象。图6.8（b）为存储介质受紫外光激发前（记录态）和激发后（读出态）的吸收光谱,从图中可以看出:存储介质（记录态）对 400 nm 波长的紫外光有吸收,而对 800 nm 波长的红外光没有吸收,可以用 800 nm 激光作为写入光源进行双光子吸收三维光存储。图6.8（c）为存储介质受紫外光激发前和激发后的荧光谱,从图中可以看出存储介质在紫外光照射前后荧光强度具有较大的对比度,便于存储信息的读出。

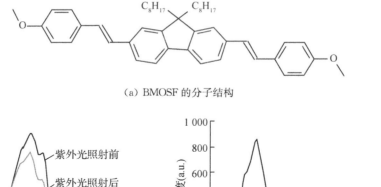

(a) BMOSF 的分子结构

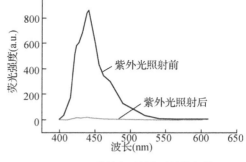

(b) BMOSF 紫外光照射前后的吸收光谱   (c) BMOSF 紫外光照射前后的荧光谱

图 6.8   BMOSF 的分子结构、紫外光照射前后的吸收光谱和荧光谱

图 6.9 为芴类衍生物光致漂白材料在三维存储和读取系统中所读出的六层数据结果。点间距为 8 μm,层间距为 10 μm,数据点采用二进制方式写入。从图 6.9(c)可以看出,随着存储深度的逐渐加大,图像的对比度也逐渐减小。实验过程中同时观察信号,第一层信号的信噪比约为 15.8 dB,而第六层的信噪比约为 6.5 dB。从图中我们可以发现,存储达到一定深度后,层与层之间会出现信号串扰,经过分析这种信号串扰主要是由于折射率失配引起的。在一定存储深度下,由于光束通过物镜后先进入空气然后再进入存储介质中。空气和介质的折射率不同导致介质中的点扩展函数发生畸变,主要表现在光轴方向上点扩展函数的半高宽有明显的加宽。同时也造成点扩展函数最大光强的减小。

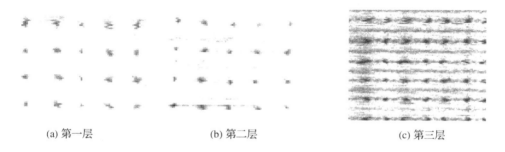

(a) 第一层   (b) 第二层   (c) 第三层

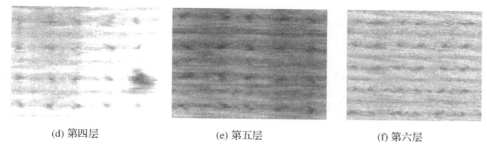

(d) 第四层　　　　　　　　(e) 第五层　　　　　　　　(f) 第六层

图 6.9　BMOSF 芴类衍生物 6 层存储实验结果

芴类衍生物光致漂白材料在双光子激发前的荧光强度比激发后强,针对实验所获得的实验结果,图 6.10 为利用 Matalab 软件对实验结果进行信号识别,图中表示六层数据的荧光强度归一化反向分布。从图中可以看出,有信息写入点的地方与没有信息写入点的地方有很强的对比度,数据写入点的荧光强度比没有写入点的荧光强度弱。但是随着存储深度的增加,还是会出现一定的信号串扰,这种信号串扰主要是由于折射率失配现象引起。由于折射率失配所产生的初级像差,可以采用开普勒望远镜补偿原理、改变物镜工作长度(即物平面到像平面之间的距离)等像差补偿方法来进行补偿,从而弥补点扩展函数最大光强的减小等现象。

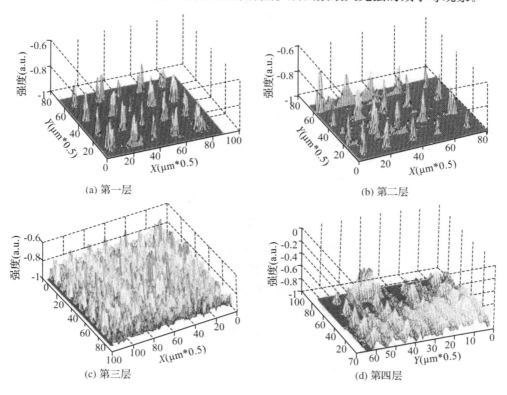

(a) 第一层　　　　　　　　　　　　　　　(b) 第二层

(c) 第三层　　　　　　　　　　　　　　　(d) 第四层

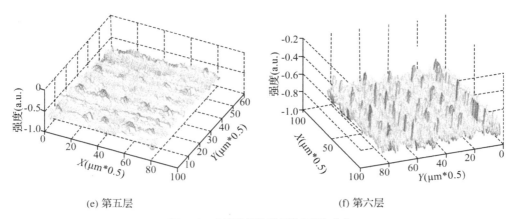

(e) 第五层　　　　　　　　　　　　　(f) 第六层

图 6.10　六层数据的荧光强度反向分布

6.2.3　嘧啶类材料

本实验使用的光致漂白材料是 4,6-二甲基嘧啶类材料,分子结构如图 6.11 所示。该分子具有 D-A-D 结构(D 代表电子给体,A 代表电子受体),以 4,6-二甲基嘧啶作为中心核基元,衍生获得弯曲型分子。其 4,6 位的高反应活性为材料分子获得大双光子吸收截面提供了可能。另外,嘧啶环的高电离电势也为大的双光子吸收截面的获得提供了条件。经过测试,这种材料的双光子吸收截面达到 2 278.6 GM。

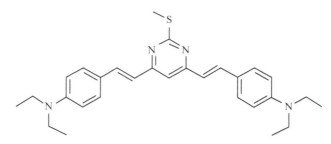

图 6.11　4,6-二甲基嘧啶类材料的分子结构

在强光照射下,N 原子连接的两个偶极会吸收光子,把能量传给中间的嘧啶环,嘧啶环基的电子被激发到激发态,接着电子辐射荧光跃迁到基态。如果激发光过强(如在飞秒脉冲激光的照射下),烯键很有可能会发生断裂,分子结构被破坏,偶极吸收的能量不再能被传送到嘧啶环,分子也就不再辐射荧光。因此,我们可以进行信息写入,已被激光破坏的点表示"1",未破坏的点表示"0"。

我们采用原位聚合的方法将有机分子掺杂在聚合物中。这种原位聚合的方法比直接掺杂在高分子中的效果要好,因为直接掺杂很难找到合适的溶剂充分溶解高分子聚合物,这样在掺杂的时候就会造成样品分布的不均匀。此外,采用原位聚合的方法制作薄膜的成本要比直接混合法低很多。制作方法如下:称取有机分子 $5×10^{-5}$ mol,置于小烧杯中,加 2 ml DMF 使之溶解,滤去少量不溶沉淀,加入单体 PMMA(甲基丙烯酸甲酯)5 ml,再加自由基引发剂(偶氮二异丁腈)0.05 g,在加热或光照的条件下自由引发聚合。我们采用水浴锅温控 50℃加热半小时,这时会出现较为黏稠的状态,取出,换用纸巾扎紧(控制适量的挥发,否则还易产生气泡),大约一天后能形成固体。

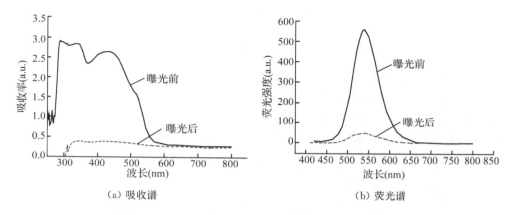

（a）吸收谱　　　　　　　　　　（b）荧光谱

图 6.12　4,6-二甲基嘧啶材料聚合物薄膜的吸收谱和荧光谱

聚合后固体材料曝光前后的吸收谱和荧光谱,如图 6.12 所示。曝光前,4,6-二甲基嘧啶聚合物薄膜具有两个宽吸收带,并且在 530 nm 附近还有一个吸收的肩峰。这一结果与 4,6-二甲基嘧啶在液态时的吸收光谱不同。在液态时,4,6-二甲基嘧啶只存在一个吸收峰。液态时,4,6-二甲基嘧啶为自由分子,吸收峰是由于分子本身的吸收产生的。我们采取原位聚合的方法制作聚合薄膜,eMMA 单体聚合时,可能会改变 4,6-二甲基嘧啶分子两个分枝的状态,使之发生扭转或者弯曲,导致在其他波长存在吸收。在不同极性的溶液中,材料的吸收峰差别较小,单光子荧光峰差别较大,显示出其基态和激发态的分子构型和极性相差较大。4,6-二甲基嘧啶聚合物薄膜荧光峰约在 540 nm 处,与乙酸乙酯(ethyl acetate)溶液中的荧光峰接近,固体聚合物荧光带与溶液中的荧光带相似,说明采用原位聚合法对分子的荧光发射没有影响。曝光前后,聚合物薄膜的吸收强度和荧光强度差别很大,可以利用这一性质进行光致漂白信息存储。

我们测量了 4,6-二甲基嘧啶受激发射荧光信号强度随着时间变化的关系,如图 6.13 所示。可以看出,荧光信号随着时间增长(约为 42 min),变化很小,说明材料可以进行多次读出。此外,这也从侧面说明材料具有良好的热稳定性。

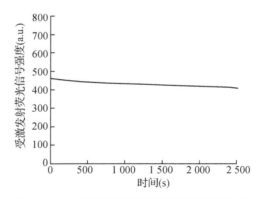

图6.13　4,6-二甲基嘧啶的荧光强度随时间变化关系

　　为了详细研究材料的热稳定性,我们做了如下实验:制取全新的4,6-二甲基嘧啶材料聚合物薄膜,测试样品在400 nm光激发下的荧光强度;接着,将该样品通过恒温箱加热到80℃保持3 h,测试400 nm光激发下的荧光强度;再将该样品通过板烘分别加热到150℃和200℃,各加热3 h,分别测试400 nm光激发下的荧光强度,如图6.14所示。可以发现,80℃加热3 h后,荧光材料薄膜的荧光强度与未加热时相比变强,荧光峰发生红移,这可能是由于加热后,4,6-二甲基嘧啶分子两个分枝在聚合物内发生微小移动,变为自由分子时的状态所致。加热到150℃保持3 h后,荧光强度下降到374,继续加热到200℃保持3 h后,荧光峰又变大为603.8,这是由于原位聚合的PMMA在此加热过程中先是膨胀(膨胀后薄膜出现微

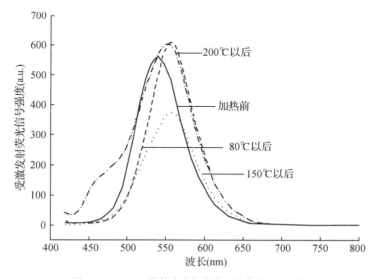

图 6.14　4,6-二甲基嘧啶加热前后的荧光强度变化

孔,荧光强度测量是测试透射的荧光,微孔的出现导致出射荧光被散射掉)后又收缩造成的。加热到 200℃后,材料发射荧光在 460 nm 处出现一个谷肩,表明此时荧光材料开始发生分解。继续提高加热温度,荧光强度会进一步降低,谷肩变大,直到荧光峰消失。

图 6.15 为使用 4,6-二甲基嘧啶聚合物薄膜材料做的六层光致漂白信息存储。读出和写入均使用飞秒激光(800 nm, $NA=0.65,40\times$)。平均写入激光功率为 20 mW,曝光时间为 35 ms,读出功率为 46 μW。信息是在样品表面 10 μm 下焦平面开始存储的。信息点间距为 4 μm,层间距为 12 μm,存储密度达到 0.5×10^{10} bits/cm^3。

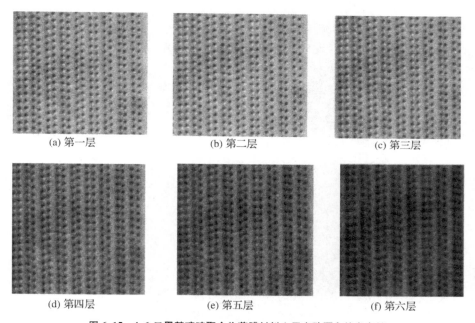

(a) 第一层   (b) 第二层   (c) 第三层

(d) 第四层   (e) 第五层   (f) 第六层

图 6.15　4,6-二甲基嘧啶聚合物薄膜材料六层光致漂白信息存储

嘧啶类光致漂白材料在双光子激发前的荧光强度比激发后强,针对实验所获得的实验结果,图 6.16 为利用 Matlab 软件对实验结果进行信号识别,图中表示六层数据的荧光强度归一化反向分布。从图中可以看出,有信息写入点的地方与没有信息写入点的地方有很强的对比度,数据写入点的荧光强度比没有写入点的荧光强度弱。但是随着存储深度的增加,还是会出现一定的信号串扰,这种信号串扰主要是由于折射率失配现象引起。由于折射率失配所产生的初级像差,可以采用开普勒望远镜补偿原理、改变物镜工作长度(即物平面到像平面之间的距离)等像差补偿方法来进行补偿,从而弥补点扩展函数最大光强的减小等现象。

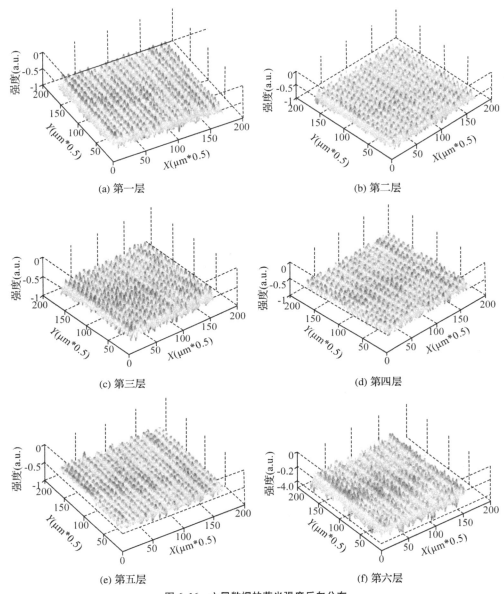

图 6.16　六层数据的荧光强度反向分布

6.3　微爆材料的存储性能实验研究

飞秒激光微爆三维光存储是以飞秒激光为写入光源,利用材料的多光子吸收特性进行三维光存储的一种技术。将高功率飞秒脉冲紧聚焦到物质体中,通过单光子或多光子电离激励过程能迅速在局部产生一个高温、高密度的等离子体结构，从而吸收大部分后续激光能量，在透明介质体内聚焦点附近将物质消融，直接通过汽化改变物质的局部结构形成一个微小的空腔。超短激光脉冲几乎不会产生热作用区域和热损伤，能更精密地改变介质的局部物理化学结构，三维光数据体存储就是利用飞秒脉冲激光对光学介质的非线性作用，从而引起透明介质体内某空间位置上结构的改变，导致介质折射率发生较大的变化，用这种办法在介质中记录多层逐位式二进制数据。

6.3.1 PMMA 为基质掺杂 Ce(DBM)₃Phen 染料

1) 材料的制备及性质

微爆实验中使用的记录介质是以 PMMA（聚甲基丙烯酸甲酯）为基质掺杂 Ce(DBM)₃Phen染料（表示为 Ce(DBM)₃Phen/PMMA）的一种透明的黄色玻璃状材料。Ce(DBM)₃Phen 的合成方法如文献[42]中所述，它的分子结构如图 6.17(a) 所示。中间的 Ce^{3+} 与 3 个 DBM 基相连（分子式中 Ce 左边部分），Ce 右边的 Phen 基的主要作用是增强化合物的荧光强度。Ce(DBM)₃Phen 掺杂 PMMA 的制备方法如下：首先，取 6 ml 的纯 PMMA、0.012 g AIBN（引发剂）、指定量的 Ce(DBM)₃Phen在磁激励的作用下混合均匀。上述混合物通过水温加热获得足够的黏度，然后倒入模型内形成块状。样品放入烤箱中在 40℃ 条件下烘烤 48 h，最后，将温度设为 75℃ 烘烤直到样品变为固体。Ce(DBM)₃Phen 掺杂 PMMA 中 Ce^{3+} 离子的浓度是 3∶1 000（质量）。实验所用样品从上述材料中切割下来并抛光。样品被切割成长方体形状，有四个光学表面，可以使激光从四个不同的垂直方向聚焦。利用分光光度计（SHIMADZU UV－2401PC）进行吸收光谱的测量。使用 Ar^+ 做激发光源的 LABRAM-HR 共焦激光 Micro Raman 的 514.5 nm 的光做光致发光测量。电子旋转共鸣光谱使用旋转共鸣光谱分光光度计（JES-FA200）测量。

图 6.17(a)显示了以 PMMA 为基质掺杂的 Ce(DBM)₃Phen 染料的吸收光谱。可以看出，在 400 nm 以后吸收强度迅速下降，在 425 nm 处吸收强度接近于零，而样品吸收光谱中的宽吸收峰得益于 DBM 在 400 nm 处的吸收；PMMA 的吸收光谱的主要吸收带在 200～350 nm 处。可见，染料样品比 PMMA 样品在 800 nm 处的非线性吸收系数大，更有利于非线性吸收。所以，样品可以被 800 nm 的双光子光束激发。

图 6.17(b)和图 6.17(c)是样品分别在飞秒激光激发前后被 514.5 nm 照射的光致发光光谱。飞秒激光激发处的光致发光光谱在 600 nm 处有一个宽带，其最大可能性是 PMMA 的黏合分离缺陷。飞秒激光照射前后样品的光致发光改变可

以通过荧光读出。

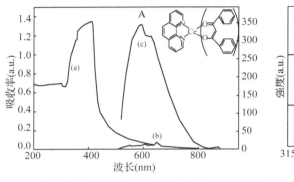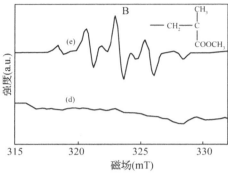

（a）PMMA 为基质掺杂 Ce(DBM)₃Phen 染料的吸收
光谱；（b）、（c）为被飞秒激光照射前后的荧光光谱

（d）、（e）为电子旋转共鸣光谱

图 6.17　PMMA 为基质掺杂 Ce(DBM)₃Phen 染料的特性

图 6.17（d）和图 6.17（e）是样品在室温下飞秒激光激发前后的电顺磁共振（ESR）谱。没被飞秒激光照射过的样品光谱（图中曲线 d）没有明显信号，而照射过的则可以在光谱中观察到若干信号，材料分子明显出现了永久性偏移的原子（或基团）。由于介质对 800 nm 的光透明，我们认为在飞秒激发区域发生了多光子激发现象，这些信号可能是由于 PMMA 的键断裂产生自由基而引起的，即融化的 PMMA 电子旋转共鸣分解的光降解产物。这种光降解产物的化学结构见图 6.17（B）。

2）存储系统原理及系统软件控制

实验中使用的飞秒激光系统如图 6.18 所示。实验中所用激光器为钛宝石激光再生放大器，二极管固体激光器输出 532 nm 的连续光作为 Ti：Sapphire（掺钛蓝宝石）激光器的泵浦源，Ti：Sapphire 激光器用于双光子写入光源，其中心波长为 800 nm，脉宽为 200 fs，重复频率为 1 kHz，平均功率为 800 mW。激光光束通过扩束器、中性衰减器，最后通过显微镜物镜（$40\times$，$NA=0.65$）将光束聚焦在 PMMA 为基质掺杂的 Ce(DBM)₃Phen 染料样品内指定位置。样品被置于由计算机控制的三维精密移动平台（PI Inc Germany，100 nm resolution）上。当三维移动平台有规律地运动时，数据点将被一行行一层层记录下来。每个数据点由单脉冲写入。实验系统中压电传感器（PZT）扫描台在计算机的控制下，使存储介质在 XY 平面进行扫描式移动和在 Z 方向上移动来实现双光子三维光信息存储。数据点从样品表面下 10 μm 左右开始存储。存储的数据点可以通过连接在显微镜目镜（$50\times$，$NA=0.85$）上的 CCD 并行图像读取。所有实验过程均在室温下进行。

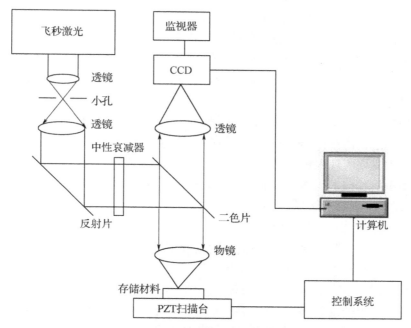

图 6.18　飞秒激光三维光存储系统

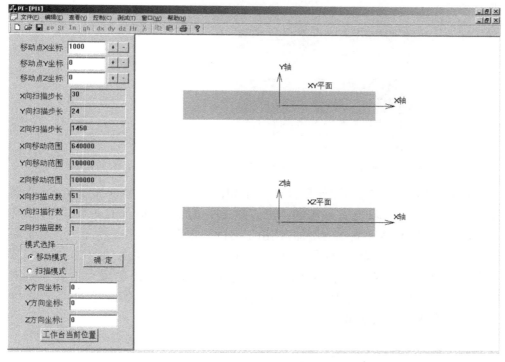

图 6.19　微爆存储系统软件控制界面

微爆存储系统软件控制界面如图 6.19 所示。软件的主要功能为：通过控制工作台的扫描和激光开关来实现数据的写入和读出。在数据写入时，工作台进行连续地二维扫描，根据事先输入的数据，工作台运动到某些位置时打开激光对该点进行曝光，在写入的同时，对存储数据进行实时显示；在数据读取时采用显微镜目镜上的 CCD 进行并行读取。

软件的设计采用了 Windows 的多线程技术。一个工作者线程在后台进行工作台的扫描过程的操作、激光的开关操作以及存储点信号图像的采样等工作。

主线程主要实现人机交互的界面以及工作参数的调整，如扫描范围、扫描步长等。采用多线程技术能够在扫描图像或数据写入时，根据现场的情况随时改变工作参数，以获得理想的结果。

3）存储实验结果及分析

图 6.20 是不同脉冲能量下得到的数据点图。其中，图 6.20（a）为从激光入射方向观察到的数据点图，图 6.20（b）为从垂直于激光入射方向观察到的数据点图。数据点从在样品表面下 10 μm 左右开始存储。从图中可以看出，9.4 nJ 能量以下不能够在材料上记录数据点，只有在 10.3 nJ 以上的能量下记录的数据点才可以被清晰地观察到；数据点的横向和纵向尺寸与激光能量有关，会随着激光能量的增加而变大。

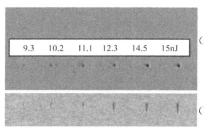

（a）从激光入射方向读出图

9.3　10.2　11.1　12.3　14.5　15nJ

（b）从垂直于入射光方向读出图

图 6.20　不同单脉冲能量写入实验结果

存储数据点尺寸与脉冲能量具体关系如图 6.21 所示，脉冲能量越大，数据点尺寸越大。图 6.22 为存储点的读出信号灰度值与激发能量的关系图，可以看出，起初随着激光脉冲能量的增加，读出信号的灰度值在不断减小，但是，激光能量到达一定值的时候，读出信号灰度值达到饱和，没有明显的变化了。由图 6.21 与图 6.22 可知，激光能量增加有利于信号读出，但是存储点的增大不利于高密度存储。进行高密度存储时，在保证读出信号灰度值足够小的情况下，应选择尽量小的激光脉冲写入能量。

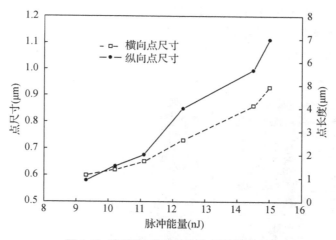

图 6.21 存储数据点尺寸与脉冲能量关系图

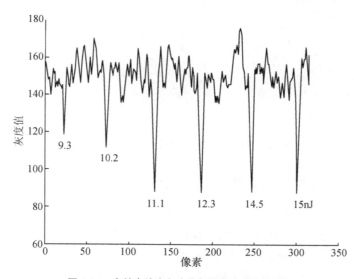

图 6.22 存储点读出灰度值与激光脉冲能量关系

微爆的一个应用就是三维光存储。图 6.23 是 PMMA 为基质掺杂的 Ce(DBM)$_3$Phen染料样品的四层的微爆点阵图。在图 6.23 中，每个点的写入能量是 15 nJ，点间距和层间距分别是 4 μm 和 16 μm。图 6.23 (a)和(b)是使用 CCD 接在 $50\times(0.85-NA)$ 的显微镜目镜上的并行读出结果。图 6.23 (a)为 $X-Y$ 方向的信息点图，可以清晰地分辨不同信息点，个别信息点大小有异，可能是掺杂时密度不均匀引起的。图 6.23(b)所示为 $Y-Z$ 面方向的信息点图。在 $Y-Z$ 平面上可以看到，四层的存储信息没有层间串挠，每层的信息都很清晰。

在 800 nm 飞秒激光作用下，Ce(DBM)$_3$Phen/PMMA 染料样品存储密度在 10^{10} bits/cm^3 量级上。通过降低激发能量，减小点间距和层间距，理论上存储密度可达 10^{12} bits/cm^3。

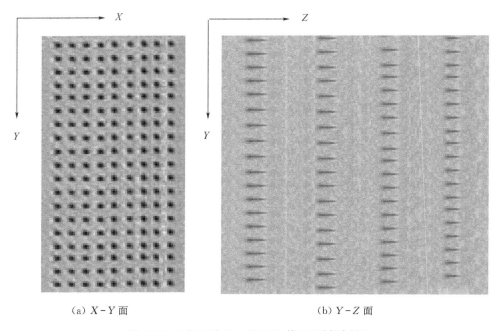

(a) X-Y 面　　　　　　　　　　(b) Y-Z 面

图 6.23　Ce(DBM)$_3$Phen/PMMA 的四层微爆存储图

6.3.2　纳米银掺杂聚合物

实验中使用的是以 PMMA 为基质掺杂纳米银粒子（表示为 Ag/PMMA）的一种透明的褐色玻璃状材料。材料的制备方法如下：在 10 ml 的球形封管中加入甲基丙烯酸甲酯（MMA）单体/链转移剂 CDB/引发剂偶氮二异丁腈（AIBN）（摩尔比为 500/10/1），然后加入搅拌子及四氢呋喃。液氮冷冻—抽真空—通氮气—解冻，重复三次。真空封管，将其放置在 70℃ 的油浴中，反应 72 h 取出。冷水冷却终止反应。反应结束后将封管内的混合物在甲醇中沉淀，过滤，真空干燥至恒重。取 0.5 g 的 PMMA 聚合物加入到 25 ml 球型封管中，并用 10 ml DMF 溶液溶解后，向这高分子溶液加入一定量的硝酸银并溶解。再于一定温度下搅拌反应一定时间，最后得到 Ag/PMMA 溶胶。将作为载体的石英基片放入到一个有盖的平底玻璃容器中，直接取 Ag/PMMA 溶胶滴加到 2 cm×2 cm 石英基片上，而后将上面的盖合起来。这些操作都是在烘箱中进行，且这个玻璃容器直接放在烘箱底部，等前面操作完毕，将烘箱关起来，并把温度控制在 40℃，大概 2 h

后取出样品待用。

图 6.24 显示了掺杂银浓度分别为 0.3％、0.8％和 2.4％的 Ag/PMMA 复合材料以及纯 PMMA（原位聚合法制备）紫外可见吸收光谱（SHIMADZU UV－2401PC）。在 300 nm 波长以前，PMMA 有较强的紫外吸收；在 300 nm 以后，PMMA 的吸收变得非常微弱。而所有 Ag/PMMA 复合材料样品在 310～325 nm 区间都存在很强的紫外可见吸收光谱，在 325～800 nm 处的吸收也比纯 PMMA 要高，这被归属于纳米银表面等离子共振吸收[127]。随着掺杂浓度的增加，吸收强度也随着增加，这与等离子吸收峰强度随着纳米银的浓度增加而增强的结论是一致的。所有样品吸收峰位置都是一样的，这说明了所要研究的不同掺杂浓度的复合掺杂材料，其中掺杂的纳米银粒子尺寸是一样的，同时也说明在这种制备纳米银方法下，改变硝酸银的浓度对纳米银的尺寸影响不大。

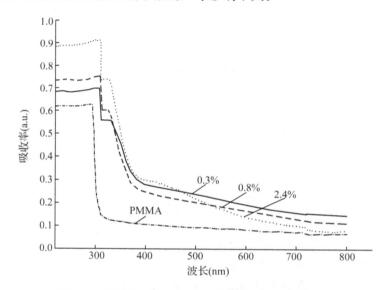

图 6.24　不同浓度的 Ag/PMMA 薄膜的紫外可见吸收光谱

图 6.25 为掺杂银浓度分别为 0.3％、0.8％和 2.4％的 Ag/PMMA 复合材料以及纯 PMMA 使用 400 nm 波长的光激发的荧光谱。可以看到，PMMA 被 400 nm 光激发没有荧光峰，而不同浓度的 Ag/PMMA 复合材料存在被激发荧光峰（峰值在 454 nm）。随着掺杂浓度的增大，荧光强度也增大。Ag^+ 的发射荧光峰在 430 nm 左右，复合材料的发射峰与之相比有红移是由于纳米 Ag 粒子包含多个 Ag 原子，受到激发后，变为 Ag_m^{x+}[128,129]。

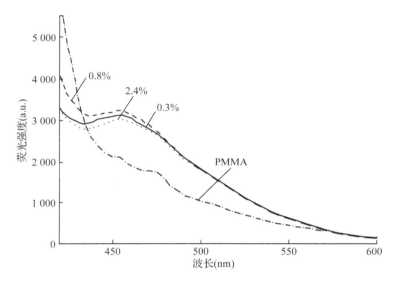

图 6.25　不同浓度的 Ag/PMMA 薄膜的荧光谱

图 6.26 为使用掺杂浓度为 2.4％的 Ag/PMMA 复合材料进行的单层微爆存储数据。所有数据点在距 Ag/PMMA 薄膜表面 10 μm 处写入，写入的激光单脉冲能量为 14.2 nJ，点间距 2 μm。读出时使用透射式显微镜，通过 CCD 读出。使用纯 PMMA 进行微爆存储时，当写入能量低于 21.5 nJ 时，几乎没有微爆点出现；而

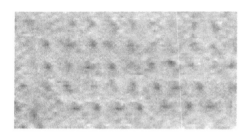

图 6.26　Ag/PMMA 薄膜存储点的 CCD 读出

使用 Ag/PMMA 薄膜进行微爆存储，14.2 nJ 已经出现较清晰的微爆信息点。可见，在将纳米 Ag 粒子掺杂在 PMMA 中有效降低微爆阈值。这种阈值的降低很可能是由于表面等离子共振造成的。纳米颗粒的表面等离子共振（Surface Plasmon Resonance，SPR）是一种表面行为，这与大块金属有所区别。这种表面等离子共振是表面等离子激元集体振荡的一种现象。表面等离子激元（Surface Plasmon Polariton，SPP）是在金属和电介质界面间激发的一种以波的形式传播的电磁激元，它的振幅随远离界面在两边的介质中呈指数衰减[130-132]。因此 SPP 是一种局域在金属—电介质界面的表面电磁波。当入射光频率与金属粒子的等离粒子频率发生共振时，金属粒子内部局域场会有一个大的增强。这种二次谐波增强来自两个方面：一方面是对基频光的增强，即增强驱动场；另一方面是对倍频光的增强，即增强转化效率[133]。SPP 有几个非常明显的特点：（1）在金属粒子附近的局域电场

有很大的增强;(2)SPP 对界面的变化非常敏感;(3)SPP 是一种准二维光学现象。

由于纳米 Ag 受激发会产生荧光响应。因此我们也可以通过荧光方式进行存储信息点的读出。图 6.27 为掺杂浓度为 2.4% 的 Ag/PMMA 复合材料的微爆信息点的双光子荧光读出数据,读出光波长为 800 nm,读出功率为 0.06 mW。写入深度和写入能量与前面相同。前面分析中我们测量了 Ag/PMMA 复合材料的荧光光谱,被 400 nm 的光激发以后,复合材料产生一个荧光峰。经过微爆写入以后,微爆信息点附近的纳米 Ag 粒子浓度远高于复合材料本身的 Ag 粒子浓度,导致被 800 nm 激光激发后,信息点附近的 Ag_m^{x+} 发出的光远大于复合材料本身被激发的荧光。

(a) XY 平面　　　　　　　　　　　　　　(b) XZ 平面

图 6.27 Ag/PMMA 薄膜存储点的荧光读出

此外,使用较低能量进行荧光读出存在一个缺点,读出光会对信息点周围 Ag_m^{x+} 粒子进行二次激发,在光场的作用下,纳米 Ag_m^{x+} 粒子发生转移,导致荧光读出的信息点变大,多次读出以后,信息点将变得很不清晰,如图 6.28 所示。因此,使用可见光进行 CCD 读出比较适合微爆信息点的多次读出。

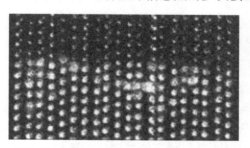

图 6.28　Ag/PMMA 薄膜存储点的单次和多次
荧光读出对比

图 6.29 是在 Ag/PMMA 复合材料中进行的 11 层微爆存储点阵图,第一层写入深度约为 20 μm,写入能量为 16.9 nJ,其后各层的激发能量是根据不同深度补偿了折射率失配导致损失后的能量[134],第二、三层能量与第一层相同,第四、五层能量为 20.7 nJ,第六、七层能量为 26.9 nJ,第八、九层能量为 34.4 nJ,第十、十一层能量为 40.2 nJ。信息存储的点间距和层间距分别是 2 μm 和 14 μm。图 6.29

（a）为 X-Y 方向观察到的信息点图，可以清晰地分辨不同信息点，个别信息点大小有异，可能是掺杂时密度不均匀引起的。图 6.29（b）为 Y-Z 方向的信息点图。在 Y-Z 平面上可以看到，存储的 11 层信息点没有层间串扰，每层的信息都很清晰。

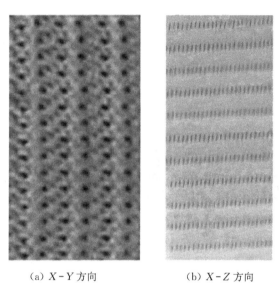

（a）X-Y 方向　　　　　　　　　（b）X-Z 方向

图 6.29　Ag/PMMA 复合材料的 X-Y(a)和 Y-Z(b)方向的 11 层微爆存储图

6.4　本章小节

　　本章利用实验室自行搭建的飞秒脉冲激光（800 nm，80 fs，80 MHz），对三种新型光致漂白材料进行了存储性能和存储机理的研究。对二苯乙烯衍生物进行了吸收光谱和荧光光谱特性分析，并且在三维光存储实验系统上，对这种漂白材料进行双光子三层信息存储，实现了多层二进制编码信息的双光子写入，双光子读出的实验，点间距和层间距分别为 4 μm 和 15 μm，并用 Matlab 软件读出信息的信号强度并对其进行了识别，识别结果与写入的二进制编码信息完全一致。对芴类衍生物进行了光致漂白实验，分析了曝光前后的吸收光谱和荧光光谱，实现了六层信息存储。对采用原位聚合法制作的 4,6-二甲基嘧啶/PMMA 新型光致漂白材料进行了实验研究，分析了原位聚合法对材料的吸收光谱以及荧光峰的影响，实现了六层信息存储，得到了存储分辨率为 0.5 μm×0.5 μm×1.6 μm 的实验结果，理论上可以达到的 $10^{12} bits/cm^3$ 的存储密度。

　　利用放大级飞秒脉冲激光（800 nm，150 fs，1 kHz）对两种微爆材料进行了存储实验研究。对一种新的微爆材料(以 PMMA 为基质掺杂 Ce(DBM)$_3$Phen 染料)进行了详细的存储性能分析和实验研究,包括对样品的吸收光谱、激光照射前后的电子旋转共振光谱的测量和讨论,结果表明掺杂稀土离子 Ce^{3+} 的 PMMA 膜具有较低的写入阈值,有利于高速、并行的三维光存储,实验结果采用传统光学显微镜并行读出,实现了四层存储(点间距和层间距分别是 4 μm 和16 μm),并讨论了脉冲能量的大小对空腔尺寸的影响,进行高密度存储时,在保证读出信号灰度值足够大的情况下,应选择尽量小的激光脉冲写入能量。实验结果表明这种材料可以应用于三维光信息存储。对掺杂纳米银的 Ag/PMMA 薄膜进行了微爆信息存储实验。通过与 PMMA 的微爆阈值对比,掺杂纳米银的 Ag/PMMA 薄膜使微爆存储阈值降低,有利于信息的高速存储和并行存储,这对推进微爆三维光存储的实际应用具有一定的实际意义。此外,以 Ag/PMMA 材料为研究对象,进行了串行荧光信号读出,实现了 11 层数据存储,通过能量补偿使得不同存储深度的信息点尺寸近似,存储点的点间距、层间距分别为 2 μm 和 14 μm,存储密度在 10^{10} bits/cm^3 量级上。

7 总结与展望

7.1 总结

通过以上章节的论述,本人在飞秒激光双光子三维光存储关键技术和实验系统方面的研究主要包括以下几项内容:

(1) 概述了光存储的发展现状并简要介绍了高密度和超高密度三维光存储包括飞秒激光双光子三维光存储的原理、特点及国内外发展现状,还对国内外三维光存储技术实用化状况进行了介绍。

(2) 基于双光子吸收三维光存储技术和现有的成熟的 CD/DVD 聚焦循道伺服技术,搭建了一套与 CD/DVD 相兼容的实验存储系统,详细介绍了系统中各部件的机理和控制,包括声光调制器的机理及测试控制方法,三维存储盘片结构,CD/DVD 光头的测试方法及光头位移—电压特性曲线,伺服模块电路控制,读写模块电路控制,读写模块共焦原理以及系统软件控制等;对该三维光盘存储系统进行模型建立和模拟仿真;并采用常规 PID 算法、模糊 PID 算法和最少拍控制算法,对 DVD 光学头进行 Matlab 仿真。对系统双光头同步性能进行了具体测试,测试结果表明在一定条件下双光头同步误差基本符合双光头三维光存储系统正常运行需满足双光头同步误差小于 $2~\mu m$ 的要求。

(3) 由于三维光信息存储点在介质的内部,因此在读写过程中激光需要经过两层不同折射率的介质(空气和存储介质),会对像差和存储效果产生很大的影响。首先建立光学存储系统模型,在平行平板条件下,利用波像差函数推导展开,获得五项初级(赛德耳)像差,即球差、慧差、像散、场曲、畸变,从理论和实验上分析系统各项光学参数对折射率失配引起的像差的影响。并采用泽尔尼克多项式对折射率失配引起的像差进行补偿理论研究,并对补偿方法进行了相应分析。

(4) 为了提高激光三维光存储容量,对激光焦斑进行整形,采用菲涅尔衍射公式进行了理论分析,基于遗传算法和设计约束条件通过 Matlab 设计了两种二元相位元件,0—π 结构四环位相板的归一化半径尺寸为 $r_1=0.15$、$r_2=0.70$、$r_3=0.81$,

非 0—π 结构四环位相板的归一化半径尺寸为 $r_1=0.25$、$r_2=0.498$、$r_3=0.652$，从内到外各环对应的相位为 2.879、3.087、0、3.012，采用这两种位相板调制后的纵向光斑大小可压缩至艾利斑的 76% 和 75%，峰值能量比分别为 0.39 和 0.42，旁瓣能量分别为 0.64 和 0.41，这两种位相板均可应用于飞秒激光三维光存储。

利用激光束空间整形技术对激光束聚焦光斑进行调制，基于横向超衍射理论和优化算法进行了研究和分析，完成了一种 0—π 结构四环横向位相板的设计。此位相板归一化半径为 $r_1=0.16$、$r_2=0.27$、$r_3=0.49$，获得的峰值能量比 S、焦斑尺寸 G_T、旁瓣能量 M_T 分别为 0.38、0.74、0.20。并且基于此位相板在激光三维光存储和微加工系统中进行了一种光致变色材料的位相板加入前后的对比加工实验。实验结果表明，在飞秒激光微加工系统中使用这种位相板可以有效地减小加工点的尺寸大小。

基于菲涅尔衍射理论，建立了激光束三维整形的数学模型，运用全局优化算法与遗传算法设计了一种能够同时在横向和轴向实现三维整形的四环复透过率位相板，位相板半径分别为 $r_1=0.335$、$r_2=0.481$、$r_3=0.662$，环位相透过率分别为 $\varphi_1=3.031$、$\varphi_2=3.135$、$\varphi_3=0$、$\varphi_4=2.992$。数值模拟结果表明，整形后焦斑横向和轴向增益分别为 0.77 和 0.68、峰值能量比为 0.36、横向和轴向旁瓣能量分别为 0.28 和 0.62，离焦量为 -0.08。搭建了共焦/双光子扫描显微镜系统，以飞秒激光在光致变色材料薄膜上的点加工为例进行了验证实验，对设计的位相板的三维整形性能进行了分析。理论与实验研究的结论对提高激光微加工分辨率，改善微器件的加工精度和表面质量，保证其装配精度和功能具有良好的现实意义。

（5）对二苯乙烯衍生物进行了吸收光谱和荧光光谱特性分析，并且在三维光存储实验系统上，对这种漂白材料进行双光子三层信息存储，实现了多层二进制编码信息的双光子写入、双光子读出的实验，点间距和层间距分别为 4 μm 和 15 μm，并用 Matlab 软件读出信息的信号强度并对其进行了识别，识别结果与写入的二进制编码信息完全一致。对芴类衍生物进行了光致漂白实验，分析了曝光前后的吸收光谱和荧光光谱，实现了六层信息存储。对采用原位聚合法制作的 4,6-二甲基嘧啶/PMMA 新型光致漂白材料进行了实验研究，分析了原位聚合法对材料的吸收光谱以及荧光峰的影响，实现了六层信息存储，得到了存储分辨率为 0.5 μm×0.5 μm×1.6 μm 的实验结果，理论上可以达到的 10^{12} bits/cm^3 的存储密度。

（6）对一种新的微爆材料（以 PMMA 为基质掺杂 Ce(DBM)$_3$Phen 染料）进行了详细的存储性能分析和实验研究，包括对样品的吸收光谱、激光照射前后的电子旋转共振光谱的测量和讨论，结果表明掺杂稀土离子 Ce^{3+} 的 PMMA 膜具有较低的写入阈值,有利于高速、并行的三维光存储,实验结果采用传统光学显微镜并行读出,实现了四层存储(点间距和层间距分别是 4 μm 和 16 μm),并讨论了脉冲能量的大小对空腔尺寸的影响,进行高密度存储时,在保证读出信号灰度值足够大的情况下,应选择尽量小的激光脉冲写入能量。实验结果表明这种材料可以应用于三维光信息存储。对掺杂纳米银的 Ag/PMMA 薄膜进行了微爆信息存储实验。通过与 PMMA 的微爆阈值对比,掺杂纳米银的 Ag/PMMA 薄膜使微爆存储阈值降低,有利于信息的高速存储和并行存储,这对推进微爆三维光存储的实际应用具有一定的实际意义。此外,以 Ag/PMMA 材料为研究对象,进行了串行荧光信号读出,实现了 11 层数据存储,通过能量补偿使得不同存储深度的信息点尺寸近似,存储点的点间距、层间距分别为 2 μm 和 14 μm,存储密度在 10^{10} bits/cm^3 量级上。

通过研究可知,通过与现有 CD/DVD 伺服技术相结合搭建双光子三维存储实验系统,可以大大提高存储密度和存储容量。从目前 CD 和 DVD 的存储密度 38.75 Mbits/cm^2 和 310.00 Mbits/cm^2,提高到三维光存储密度 10^6 Mbits/cm^3。双光子激发具有空间局域能力和高分辨的特点,结合相关光盘伺服技术,该系统可以在三维信息存储等领域发挥重要的应用。

7.2　工作展望

双光子三维光存储技术的研究始于 20 世纪 80 年代末 90 年代初期,而直到最近几年才真正引起国内外科研工作者的重视。本文只能对其中有限的几个方面进行研究,考虑到这几年内该技术研究所取得的成果和当前的现状,我们认为以下几个方面将成为该技术将来研究的重点:

(1) 并行双光子三维光存储技术。存储效率低是双光子三维光存储技术当前的一个重要问题。我们可以采用微透镜阵列和 DMD(Digital Micromirror Device)分束的方法来实现双光子并行三维光存储。在前期工作的基础上,对于 DMD 分束的方法在并行的应用已做了相关的调研及初期设计研究工作。

(2) 新型双光子吸收材料。这是现阶段双光子三维光存储技术面临的重要的问题之一。新型双光子吸收材料的研究包括多个方面,主要有:大双光子吸收截面材料,较强的光稳定性和热稳定性。极小的双光子吸收截面一定程度上限制了纳秒或皮秒激光在技术中的应用,同时也不便于开展并行双光子三维光存储技术的研究;较弱的稳定性使得材料不易长期保存,增加实用化成本。因此,新型双光子吸收材料的研究势在必行。

(3) 飞秒激光小型化。在三维光存储实用化的过程中,必要满足飞秒激光的小型化。目前国内外各研究小组在实验室都是使用商业化的或自行组建的飞秒激光器,这样的激光器无论在功耗上还是体积上都无法满足三维光存储商业化的要求。因此飞秒激光小型化方面的研究刻不容缓。

(4)减小双光头同步误差。在自行搭建的双光子双光头三维光存储系统中,双光头同步误差仍相对较大,为使激光束会聚到信息点光强的最强处,还需要对系统中的读/写模块电路部分进行相应的改进,从而使双光头同步误差达到最小,获得最好的存储实验结果。

参 考 文 献

［1］E Betzig，J K Trautman，R Wolfe，et al. Near-field magneto-optics and high density data storage. Applied Physics Letters，1992，61(2):142.

［2］B D Terris，H J Mamin，D Rugar，et al. Near-field optical data storage using a solid immersion lens. Applied Physics Letters，1994，65(4):388.

［3］J Tominaga ，T Nakano，T Atoda. An approach for recording and readout beyond the diffraction limit with an Sb thin film. Appl. Phys. Lett．，1998，73(15)：2078.

［4］李进延，干福熹. 超分辨技术在光盘中的应用研究. 物理，2002，31(1):22.

［5］魏劲松，阮昊，施宏仁，等. 一种新的超分辨记录点的读出技术. 光学学报，2003，23(5):526.

［6］菅冀祁，王玉英，熊剑平，等. 高密度光存储实现途径分析. 半导体光电，2004，25(4):308.

［7］V G Kravets. Multilevel high capacity optical memory．J. Optical Technol．，2000，67(12):1054.

［8］徐端颐. 高密度光盘数据存储. 北京:清华大学出版社，2003.

［9］W E Mourner，W Length，G C Bjorklund，et al. Frequency domain optical storage and other applications of persistent spectral hole-burning// Persistent spectral hole-burning:science and applications. Berlin:Spring-Verlag，1988:251.

［10］Urs P Wild，Stephan E Bucher，Fritz A Burkhalter. Hole burning，stark effect，and data storage. Appl. Opt．，1985，24(10):1526.

［11］Cosimo De Caro，Alois Renn，Urs P Wild. Hole burning，Stark effect，and data storage:2:holographic recording and detection of spectral holes. Appl. Opt．，1991，30(20):2890.

［12］B M Anarlamov，R I Personov，L A Bykovskaya. Stable gap in absorption spectra of solid solution of organic molecules by laser irradiation. Opt. Commun, 1974,12 (2):191.

[13] W E Moerner. Molecular electronics for frequency domain optical storage: Persistent spectral hole-burning — a review. Journal of Molecular Electronics, 1985,1(2):55.

[14] 陈凌冰,王艳,潘永乐,等. 基于球形微粒的光学共振实现室温下的持久光谱烧孔. 中国激光,1996,23(10):942.

[15] Zhang Jiahua, Huang Shi, Yu Jiaqi. High temperature stability of a spectral hole burnt in Sm-doped SrFCl crystals. Opt. Lett. ,1992,17(16):1146.

[16] 张家骅,黄世华,虞家琪. 二价钐离子谱线的非均匀加宽、荧光窄化和永久性光谱烧孔. 发光学报,2003,24(3):216.

[17] Dennis Gabor. A New Microscopic Principle. Nature, 1948,161 (4098):777.

[18] 陶世荃. 高密度光学全息存储技术的新进展——向光盘存储挑战. 物理,1997,26(2):79.

[19] P J van Heerden. Theory of Optical Information Storage in Solids. Appl. Opt. , 1963,2(4):393.

[20] 黄明举,徐国定,顾玉宗,等. 高密度数字全息存储方案的比较. 河南大学学报(自然科学版),2001,31(1):6.

[21] Mok P H, Tackitt M C, Stoll H M. Storage of 500 high-resolution holograms in a $LiNbO_3$ crystal. Opt. Lett. ,1991,16 (8):605.

[22] G W Burr,Fai H Mok,Demetri Psaltis. Large scale volume holographic storage in the long interaction length architecture. SPIE,1994,2297:402.

[23] John F Heanue, Matthew C Bashaw, Lambertus Hesselink. Volume Holographic Storage and Retrieval of Digital Data. Science,1994,265(5173):749.

[24] Jean-Jacques P Drolet, Ernest Chuang, George Barbastathis, et al. Compact integrated dynamic holographic memory with refreshed holograms. Optics Letters,1997,22(8):552.

[25] 李晓春,何庆声,金国藩,等. 1000 幅数字图像的晶体体全息存储与恢复. 光学学报,1998,18(6):722.

[26] 王凤涛,何庆声,王建岗,等. 大容量高密度体全息数据存储. 光学技术,2002,28(1):6.

[27] 王大勇,陈孙征,袁玮,等. 多重频谱滤波法改进体全息存储图像相关识别. 光电子·激光,2004,15(6):719.

[28] 赵业权,王峰,王锐,等. 超大容量光学体全息存储技术与材料的研究动

态. 高技术通讯,2002,12(5):107.

[29] D A Parthenopoulos and P M Rentzepis. Three-Dimensional Optical Storage Memory. Science,1989,245(4920):843.

[30] Goeppert-Mayer. Uber Elmentarakte mit zweiquantensprunpen. M. Ann. Physik. ,1931(9):273.

[31] W Kaiser,C G B Garrett. Two-photon excitation In $CaF_2:Eu^{2+}$. Phys. Rev. Lett. ,1961,7(6):229.

[32] Dvornikov A S , Cokgor I , Wang M, et al . Materials and Systems for two photon 3-D ROM Devices. IEEE Transactions on Components , Packaging and Manufacturing Technology:Part A,1997,20(2):203.

[33] James H Strickler,Watt W Webb. Three-dimensional optical data storage in refractive media by two-photon point excitation. Optics Letters,1991, 16(22):1780.

[34] Satoshi Kawata,Yoshimasa Kawata. Three-dimensional Optical Data Storage Using Photochromical Materials. Chem. Rev,2000,100(5):1777.

[35] 马立军,徐端颐. 三维光存储的读写方法的研究. 激光与红外,1998,28(6):368.

[36] 马文波,吴谊群,顾冬红,等. 双光子吸收有机材料以及在三维光数字光存储中的应用. 化学进展,2004,16(4):631.

[37] D A Parthenopoulos,P M Rentzepis. Two-photon volume information storage in doped polymer systems. J. Appl. Phys,1990,68(11):5814.

[38] 廖宁放,巩马理,徐端颐,等. 光致变色俘精酸酐体系的单光束双光子多层记录特性. 科学通报,2001,46(16):1345.

[39] A Toriumi,S Kawata,M Gu. Reflection confocal microscope readout system for three-dimensional photochromic optical data storage. Optics Letters, 1998,23(24):1924.

[40] Xiaodong Fan,Guosheng Qi,Duanyi Xu,et al. Two-photon single-beam multi—layers writing in anthracene derivatives. SPIE , 2002,4930:240.

[41] M M Wang,S C Esener,F B Mccormick,et al. Experimental characterization of a two-photon memory. Optics Letters,1997,22(8):558.

[42] Min Gu Daniel Day. Use of continuous-wave illumination for two-photon three-dimensional optical bit data storage in a photobleaching polymer. Optics Letters,1999,24(5):288.

[43] DjenanGanic, Daniel Day ,Min Gu. Multi-level optical data storage in a

photobleaching polymer using two-photon excitation under continuous wave illumination. Optics and Lasers in Engineering ,2002,38:433.

[44] Haridas E Pudavar,Mukesh P Joshi,Paras N Prasad, et al. High-density three—dimensional optical data storage in a stacked compact disk format with two-photon writing and single photon readout. Applied Physics Letters, 1999,74(9):1338.

[45] Kevin D Belfield, Katherine J Schafer, Stephen Andrasik. Photosensitive polymeric media for two-photon based optical data storage. SPIE, 2003,4797:275.

[46] Brian H Cumpston,Sundaravel P Ananthavel,Stephen Barlow, et al. Two-photon polymerization initiators for threedimensional optical data storage and microfabrication. Nature,1999,398:51.

[47] Satoshi Kawata, Hong-Bo Sun, Tomokazu Tanaka, et al. Finer features for functional microdevices. Nature, 2001,412:697.

[48] Satoshi Kawata,Hong-Bo Sun. Two-photon absorption for three-dimensional micro—nanofabrication and data storage. SPIE,2003,4797:240.

[49] DanielDay, Min Gu. Use of two-photon excitation for erasable-rewritable three-dimensional bit optical data storage in a photorefractive polymer. Optics Letters, 1999,24 (14):948.

[50] Hameed A Al Attar,Osama Taqatqa. A new highly photorefractive polymer composite for optical data storage application. J. Opt. A:Pure Appl. Opt. 2003,5:487.

[51] Yoshimasa Kawata, Hidekazu Ishitobi, Satoshi Kawata. Use of two-photon absorption in a photorefractive crystal for three-dimensional optical memory. Optics Letters,1998,23(10):756.

[52] Y Kawata,M Nakano,S Lee. Three-dimensional optical data storage using three-dimensional optics. Optical Engineering 2001,40(10):2247.

[53] DennisMcPhail, Min Gu. Use of polarization sensitivity for three-dimensional optical data storage in polymer dispersed liquid crystals under two-photon illumination. Applied Physics Letters, 2002,81(7) :1160.

[54] S. Kawata. Photorefractive optics in three-dimensional digital memory. proceedings of the IEEE,1999,87(12):2009.

[55] 刘青,程光华,王屹山,等. 飞秒脉冲在透明材料中的三维光存储及其机理. 光子学报,2003,32(3):276.

[56] E NGlezer, M Milosavljevic, L Huang, et al. Three-dimensional

optical storage inside transparent materials. Opt. Lett. ,1996,21(24):2023.

[57] Kiyotaka Miura, Jianrong Qiu, Tsuneo Mitsuyu, et al. Three-dimensional microscopic modifications in glasses by a femtosecond laser. SPIE, 1999,3618:141.

[58] Daniel Day and Min Gu. Formation of voids in a doped polymethylmethacrylate polymer. Appl. Phys. Lett. , 2002,80(13):2404.

[59] K Yamasaki, S Juodkazis, M Watanabe, et al. Recording by microexplosion and two-photon reading of three-dimensional optical memory in polymethylmethacrylate films. Applied Physics Letters,2000,76(8):1000.

[60] S M Huang,M H Hong,D J Wu, et al. Three dimensional optical storage by use of ultrafast laser. SPIE,2003, 5069:264.

[61] M H Hong, B luk yanchuk, S M Huang, et al. Femtosecond laser application for high capacity optical data storage. Appl. Phys. A, 2004,79:791.

[62] Guanghua Cheng, Yishan Wang, J D White, et al. Demonstration of high-density three-dimensional storage in fused silica by femtosecond laser pulses. J. Appl. Phys. , 2003,94:1304.

[63] 马良材,程光华,赵卫,等. 飞秒激光在透明介质中的三维光存储及读出对比度研究. 陕西师范大学学报(自然科学版),2005,33(1):43.

[64] 程光华,刘青,王屹山,等. 飞秒激光脉冲作用下光学玻璃的色心和折射率变化. 光子学报,2004,33(4):412.

[65] 程光华,刘青,样玲珍,等. 飞秒激光脉冲诱导透明介质的非线性吸收和折射率改变轮廓研究. 光子学报,2003,32(11):1281.

[66] 刘青,程光华,刘卜,等. 使用飞秒脉冲在熔融石英中进行的三维光数据体存储. 宁夏大学学报(自然科学版),2003,24(1):78.

[67] Cheng Guang-hua, J D White, Liu Qin, et al. Microstructure on Surface of $LiNbO_3$: Fe Induced by a Single Ultra-Short Laser Pulse. Chinese Physics Letters. 2003,20(8):1283.

[68] Ingolf Sander. White Paper-Fluorescent Multilayer Optical Data Storage.

[69] F B McCormick, H Zhang, A Dvornikov, et al. Parallel access 3-D multilayer optical storage using 2-photon recording. SPIE, 1999,3802:173.

[70] Haichuan Zhang, Alexander S Dvornikov, Edwin P Walker, et al. Single-beam two-photon-recorded monolithic multilayer optical disks. SPIE, 2000,4090:174.

[71] Sadik Esener. Parallel readout of multi-layer optical disks recorded with

a blue laser. IEEE ,2001,2:612.

［72］E P Walker，Wenyi Feng，Yi Zhang，et al. 3-D parallel readout in a 3-D multilayer optical data storage system. IEEE，2002:147.

［73］Sadik Esener，Edwin P Walker，Yi Zhang，et al. Present performance and future directions in two—photon addressed write once read many volumetric optical disk storage systems. SPIE,2003,4988:93.

［74］Edwin P Walker，Xuezhe Zheng，Frederick B Mccormick，et al. Servo error signal generation for two-photon-recorded monolithic multilayer optical data storage. SPIE，2000,4090:179.

［75］Liang zhongcheng，Yang Tao，Hai Ming，et al. A novel 3D multilayered waveguide memory. Proceeding of SPIE,2002，4930:134.

［76］梁忠诚,陈家胜,杨涛,等. 新型波导多层光存储原理和实验. 光电子·激光,2004,15(3):315.

［77］I Polyzos，G Tsigaridas，M Fakis，et al. Three-dimensional data storage in photochromic matericals based on pyrylium salt by two-photon induced photobleaching. SPIE，2003,5131:177.

［78］《电子天府》丛书编写组. VCD 视盘机精解. 成都:电子科技大学出版社,1997.

［79］干福熹. 数字光盘存储技术. 北京:科学出版社,1998.

［80］吴龙标,宋卫国,卢结成. 液晶光闸在火灾探测中的应用. 光学技术,1999,1:4.

［81］周拥军. 双光子/共焦激光扫描荧光显微镜及其在三维光学信息存储中的应用.［博士学位论文］. 合肥:中国科学技术大学,2004:21－23.

［82］吴刚,范鸢. DVD 聚焦伺服系统建模与仿真. 系统仿真学报,2005,17(2):263.

［83］Kuang-Chao Fan，Chih-Liang Chu. Development of a low-cost autofocusing be for profile measurement. Measurement Science and Technology,2001,12:2137.

［84］Optical DVD Pick-Up Specifications Model：SF-HD60S. SANYO Electric Co. ,Ltd. Multimedia Company Optical Device Division.

［85］黄仁泽. 碟片晃动对光碟机读取头光强及聚焦控制之影响分析.［硕士论文］. 台北:"清华大学"动力机械系硕士班,2003,6.

［86］Bo Lincoln. LQG controller design for track following in a DVD player. Dept. of Automatic Control. www. control. lth. se/～kursdr/laboratories/lab3－05. pdf.

［87］Standard ECMA-267 3ʳᵈ Edition，April 2001．www．ecma-international．org/publications/files/ECMA-ST/Ecma-267．pdf．

［88］吕百达．激光光学：光束描述、传输变换与光腔技术物理．北京：高等教育出版社，2003，33-94．

［89］W．T．威尔福特．对称光学系统的像差．陈晃明，梁丽轩，译．北京：科学出版社，1982：128-138，227-229．

［90］M A A Neil，R Juskaitis，M J Booth，et al．Adaptive aberration correction in a two-photon microscope．Journal of Microscopy，2000，200(2)：105．

［91］Colin J R Sheppard，Min Gu，Keith Brain，et al．Influence of spherical aberration on axial imaging of confocal reflection microscopy．Applied Optics，1994，33(4)：616．

［92］Robert J Noll．Zernike polynomials and atmospheric turbulence．J．Opt．Soc．Am．，1976，66(3)：207．

［93］M Gu and C J R Sheppard．Comparison of three-dimensional imaging properties between two-photon and single-photon fluorescence microscopy．Journal of Microscopy，1995，177(2)：128．

［94］M J Booth and T Wilson．Refractive-index-mismatch induced aberrations in single-photon and two-photon microscopy and the use of aberration correction．Journal of Biomedical Optics，2001，6(3)：266．

［95］Daniel Day and Min Gu．Effects of refractive-index mismatch on three-dimensional optical data-storage density in a two-photon bleaching polymer．Applied Optics，1998，37(26)：6299．

［96］Tom D Milster，Robert S Upton，Hui Luo．Objective lens design for multiple-layer optical data storage．Opt．Eng．，1999，38(2)：295．

［97］Edwin P Walker，Jacques Duparre，Haichuan Zhang，et al．Spherical aberration correction for two-photon recorded monolithic multilayer optical data storage．Proceeding of SPIE，2002，4342：601．

［98］Sakashi Ohtaki，Noriaki Murao，Masakazu Ogasawara，et al．The applications of a Liquid Crystal Panel for the 15 Gbyte optical disk systems．Jpn．J．Appl．Phys．，1999，38，Part 1，No．3B：1744．

［99］Somakanthan somalingam，Karsten dressbach，Mathias Hain，et al．Effective spherical aberration compensation by use of a nematic liquid-crystal device．Applied Optics，2004，43(13)：2722．

［100］Hong-Bo Sun，Tomokazu Tanaka，Satoshi Kawata．Three-dimensional focal spots related to two-photon excitation. Appl. Phys. Lett., 2002,80(20):3673 - 3675.

[101] G Toraldo di Francia. Super-gain antennas and optical resolving power. Nuovo Cimento S upplemento, 1952,9(3):426 - 435.

[102] Ya Cheng, Koji Sugioka, and Katsumi Midorikawa, et al. "Control of the cross-sectional shape of a hollow microchannel embedded in photostructurable glass by use of a femtosecond laser". Opt. Lett., 2003,28:55 - 57.

[103] M Ams, G D Marshall, D J Spence, et al. Slit beam shaping method for femtosecond laser direct-write fabrication of symmetric waveguides in bulk glasses. Opt. Express, 2005,13:5676 - 5681.

[104] G Cerullo, R Osellame, S Taccheo, et al. Femtosecond micromachining of symmetric waveguides at 1. 5 mm by astigmatic beam focusing. Opt. Lett., 2002,27:1938 - 1940.

[105] G Boyer. New class of axially apdizing filters for confocal scanning microscopy. J. Opt. Soc. Am. (A), 2002,19(3):584 - 589.

[106] D M de Juana, J E Oti., V F Canales, et al. Transverse or axial superresolution in a 4Pi-confocal microscope by phase only filters. J. Opt. Soc. Am(A), 2003,20(11):2172 - 2178.

[107] Tasso R M Sales. Smallest Focal Spot. Phys. Rev. Lett., 1998,81: 3844 - 3847.

[108] M M de Juana, V F Canales, P J Valle, et al. Foucusing property of annular binary phase filters[J]. Opt. Commun.,2004,229 (1): 71 - 77.

[109] A I Whiting, A F Abouraddy, B E A Saleh, et al.. Polarization-assisted transverse and axial optical superresolution[J]. Opt. Exp.,2003, 11(15): 1714 - 1723.

[110] Jingsong Wei,Mufei Xiao. Laser tunable Toraldo superresolution with a uniform nonlinear pupil filter. APPLIED OPTICS,2008,47(21):3689.

[111] 王伟,周常河,余俊杰. 三环位相型光瞳滤波器的横向超分辨与轴向焦深扩展. 物理学报,2011,60(2):248 - 252.

[112] Hongxin Luo, Changhe Zhou. Comparison of superresolution effects with annular phase and amplitude filters. Applied Optics, 2004,43:6242.

[113] Jia Jia, Changhe Zhou, Xiaohui Sun, et al. Superresolution laser beam shaping. Appl. Opt., 2004,43:2112.

[114] 王美,云茂金,刘立人,等. 共焦显微系统中光学超分辨光瞳滤波器的设

计. 光学学报,2011,31(6):189 - 193.

[115] 程侃,谭峭峰,周哲海,等. 径向偏振光三维超分辨衍射光学元件设计. 光学学报,2010,30(11):3295.

[116] P Wei,O F Tan,Y Zhu, et al. Axial superresolution of two—photon microfabrication. APPLIED OPTICS,2007,46(18):3694.

[117] Qiaofeng Tan, Kan Cheng, Zhehai Zhou, et al. Diffractive superresolution elements for radially polarized light. J. Opt. Soc. Am. A,2010,27(6):1355.

[118] 郭舒文,郭汉明,庄松林. 非对称三区光瞳滤波器实现一维横向超分辨. 光子学报,2008,37(11):2222.

[119] 蔡建文,黄文浩. 一种新型芴类衍生物的双光子光致漂白三维光存储. 光电子·激光,2011,22(5):753.

[120] 蔡建文,黄文浩. 三维光存储中折射率失配引起的球差补偿. 光子学报,2010,39(7):1243.

[121] Wang Xiang, He Jijun, et al. Research on the resolution of micro stereo lithography. Chinese Optics Letters,2009,7(8):724.

[122] K Hirao, S Todoroki, D H Cho, et al. Room-temperature persistent hole burning of Sm^{2+} in oxide glasses. Opt. Lett. , 1993,18(19): 1586.

[123] W Denk, J H Strickler, W W Webb. Two-photon laser scanning fluorescence microscopy. Science,1990,248:73.

[124] A D Xia, S Wada, H Tashiro. Optical data storage in C60 doped polystyrene film by photooxidation. Appl. Phys. Lett. , 1998,73(10):1323.

[125] S Wada, A D Xia, H Tashiro. 3D optical data storage with two-photon induced photooxidation in C60-doped polystyrene film. RIKEN Review,2002,49:52.

[126] A D Xia , S Wada, H Tashiro. A new fluorescence method for 3D optical data storage. Japan patent, No. H10 - 81598.

[127] A Callegari, D Tonti, M Chergui. Photochemically Grown Silver Nanoparticles With Wavelength-Controlled Size and Shape[J]. Nano Letters. , 2003,3(11):1565 - 1568.

[128] E Borsella, F Gonella, P Mazzoldi, et al. Spectroscopic investigation of silver in soda-lime glass[J]. Chem. Phys. Lett. , 1998,284:429 - 434.

[129] Y Dai, X Hu, C Wang, et al. Fluorescent Ag nanoclusters in glass induced by an infraredfemtosecond laser[J]. Chem. Phys. Lett. , 2007,439(1):

81 - 84.

[130] V M Agranovich，D L Mills. Surface Polaritons[M]. Amsterdam：North-Holland，1982：12 - 15.

[131] A D Boardman. Electromagnetic surface Modes [M]. New York：Wiley，1982：15.

[132] H. Raether. Surface Plasmons [M]. Berlin：Springer，1988：12 - 13.

[133] XU Hong-xing，Aizpurua J，Kall M，et al. Electromagetic Contributions to Single-Moleculesensitivity in Surface-enhanced Raman Scattering [J]. Physical Review E.，2000，62：1 - 7.

[134] 周拥军. 双光子/共焦激光扫描荧光显微镜及其在三维光学信息存储中的应用[D].[博士学位论文]. 合肥：中国科学技术大学，2004：21 - 23.

[135] T R M Sales. Phase-only superresolution element[D]. America：Rochester University，1997，30 - 39，83 - 95.